职业教育计算机类专业"互联网+"新形态教材

# Python 编程基础与应用

主　编　蓝永健　陈冬冬

副主编　蔡德琛　朱海鑫　邓爱玲

参　编　彭亚发　范智峰　邱邢海　张美珍

　　　　杜　建　陈汉贤　张宝升

U0218600

机械工业出版社

本书作为一本Python程序设计语言教材，以具体应用为导向，以丰富的案例为依托，主要阐述Python语言的基础知识，让读者对Python语言的全貌有基本理解，并能够高效地应用。与此同时，书中的案例融入思政理念，对课程思政进行了探索。本书共9章，开发环境基于Windows 10操作系统、Python 3.9版本和PyCharm开发工具。第1章至第8章主要侧重基础知识，第9章主要侧重应用实践，讲解了可视化词云项目、新闻网页爬虫项目、商品统计图和二维码自动生成项目以及人脸识别项目。

　本书可以作为各类职业院校计算机及相关专业的教材，也可作为广大程序设计开发者、爱好者的自学参考书。

　本书是集教材、练习册、上机指导和微课视频于一体的新形态一体化教材，读者可通过扫描二维码进行学习。本书配有电子课件、源代码，读者可登录机械工业出版社教育服务网（www.cmpedu.com）以教师身份注册后免费下载或联系编辑（010-88379194，QQ：303431623）咨询。本书还配有"示范教学包"，教师可在超星学习通上实现"一键建课"。

**图书在版编目（CIP）数据**

Python 编程基础与应用 / 蓝永健，陈冬冬主编．—
北京：机械工业出版社，2022.2（2025.1 重印）
职业教育计算机类专业"互联网+"新形态教材
ISBN 978-7-111-70027-2

Ⅰ．①P⋯　Ⅱ．①蓝⋯　②陈⋯　Ⅲ．①软件工具－程序
设计－职业教育－教材　Ⅳ．① TP311.561

中国版本图书馆 CIP 数据核字（2022）第 013390 号

机械工业出版社（北京市百万庄大街22号　邮政编码100037）
策划编辑：李绍坤　　　　　　　责任编辑：李绍坤
责任校对：张亚楠　刘雅娜　　　封面设计：马精明
责任印制：单爱军
北京虎彩文化传播有限公司印刷
2025年1月第1版第10次印刷
210mm×297mm・17.5 印张・342千字
标准书号：ISBN 978-7-111-70027-2
定价：58.00 元

电话服务　　　　　　　　　　网络服务
客服电话：010-88361066　　　机　工　官　网：www.cmpbook.com
　　　　　010-88379833　　　机　工　官　博：weibo.com/cmp1952
　　　　　010-68326294　　　金　书　网：www.golden-book.com
**封底无防伪标均为盗版**　　机工教育服务网：www.cmpedu.com

# 前　言

　　程序设计是人工智能、大数据、网络运维等相关专业的必修课程。Python 语言是一种解释型、面向对象的计算机程序设计语言，广泛用于计算机程序设计、系统管理编程脚本、科学计算等，特别适用于快速的应用程序开发。Python 语言很适合做数据分析、大数据挖掘、大数据可视化、网络爬虫和人脸识别等，其简洁的语法、强大的功能、丰富的扩展库和开源免费、易学易用的特点，使得越来越多的用户学习和使用它。

　　一、编写理念

　　围绕产业人才需求、突出岗位职业能力主线。本书紧扣广东省十大战略支柱产业集群的"软件与信息服务产业集群"和十大战略性新兴产业集群的"智能机器人产业集群"领域对人才的需求，根据企业 Python 程序员岗位能力要求进行编写。

　　本书的内容与职业标准和课程标准双对接，对照 1+X 证书制度的"Python 程序开发职业技能等级标准"，并结合 Python 程序开发和大数据应用与服务等技能竞赛的相关要求，选取部分典型工作任务，面向 Python 初级开发工程师和爬虫初级开发工程师等职业岗位，设计教学内容和教学案例。通过本书的学习，可以快速掌握 Python 应用程序开发所需的基础知识，掌握完整的 Python 软件开发流程。

　　二、内容设计

　　本书是集教材、练习册、上机指导和微课视频于一体的新形态一体化教材，也是中高职一体化教材。基于 Windows 10、Python 3.9 和 PyCharm 开发工具，采用模块化的组织形式，本书在内容编排上由易到难，第一部分侧重基础知识，由前 7 章组成；第二部分侧重应用实践，由第 8 章和第 9

章组成。各章的内容简要介绍如下：

第1章 开始 Python 学习。本章重点介绍了 Python 的特点和应用领域、下载和安装 Python、集成开发环境 IDLE 和 PyCharm 的使用、使用 pip 管理 Python 库等。

第2章 Python 基础语法和简单运算。本章重点介绍了 Python 基本语法、数据类型、运算符、表达式、基本输入和输出函数等。

第3章 字符串的应用。本章重点介绍了字符串的索引取值和切片、字符串处理的函数和方法、字符串的转义字符、编码和格式化处理等。

第4章 程序控制结构，包括顺序结构、选择结构和循环结构三种结构。本章重点介绍了 if 单分支、双分支、多分支和 if 嵌套结构的使用，for 循环、while 循环、循环和 else、break 语句、continue 语句和循环的嵌套等。

第5章 序列结构的应用，包括列表、字典、元组和集合。本章重点介绍了列表的定义、列表索引、列表切片、集合的运算、列表的操作方法和函数、字典的操作方法和函数、元组的操作方法和函数、集合的操作方法和函数、列表与字典的转换、列表与元组的转换、列表与字符串的转换等。

第6章 函数的应用。本章重点介绍了函数的概念、自定义函数、使用 lambda 语句创建匿名函数、函数的参数传递、全局变量、局部变量、函数的递归、异常类型和异常的处理等。

第7章 面向对象的应用。本章重点介绍了面向对象的概念、类的创建和调用、实例属性、类属性、公共属性、私有属性、公共方法、私有方法、类方法、静态方法、继承和多态等。

第8章 文件夹和文件的操作。本章重点介绍了文件夹的创建、删除、重命名和复制等操作；文本文件的读取与写入、二进制文件的读取与写入、with−open 操作和获取文件属性操作等，为后面数据分析和爬虫应用作铺垫。

第9章 第三方库的应用案例。本章重点介绍数据库的访问，应用 jieba 中文分词库和 wordcloud 词云库开发中文可视化词云项目，应用 sqllite 3 库、requests 库和 Beautifulsoup4 开发新闻网页爬虫项目，应用 matplotlib 库和 MyQR 库进行开发数据可视化项目，应用 face_recognition 库开发人脸识别学生考勤系统等。

三、项目引领

融入企业真实案例、凸显产教融合作用。本书与广东交通职业技术学院和广州海智通信息科技有限公司等高职院校和企业共同研发，结合一些企业的应用场景，提供了一系列的完整教学案例：模拟手机充值、货运软件对钢管重量的智能估算、药品电子监管码的识别、个人名片生成器、猜心游戏程序、判断网络系统的密码强度、英文词频统计、抽奖券号码生成器、用户注册与验证程序、字符串简单加密、简单四则运算计算器、简易购物结算程序、城市文件夹分身小帮手、可视化词云项目、新闻网页爬虫项目、商品统计图和二维码自动生成项目、人脸识别项目。

各个案例中又以"案例描述→案例分析→实施步骤→调试结果"的工作流程逐步引导深入。通过这些企业场景案例，读者能在学习完基础知识后，在 Python 的综合应用能力方面有进一步提升。

四、融入职业素养

将职业素养融入教学和教材的各环节，凸显立德树人。围绕"培养具有良好的职业道德、较强的专业实践能力和综合职业素质"目标，深入挖掘职业素养元素，比如将"科技乃兴国之本、工匠精神、程序规范、团队合作沟通、大国基建、信息安全、电商扶贫、知识产权"等融入本书及配套线上教学资源中。

五、配套资源

本书依托超星教学平台和学银在线等，提供了 104 个教学范例、200 个拓展示例源代码、400 多道练习题、74 个实训任务书、49 份教案、36 个教学课件、23 个企业教学案例，还提供了参考答案、实验手册、拓展任务、试卷样卷、配套源代码以及大量的思维导图。

读者可以扫描书中的二维码观看微课视频，方便学习课程相关内容。本书同时还配有超星学习通版示范教学资源包，可以在超星平台上实现"一键建课"，方便老师进行混合式教学。

本书由蓝永健（珠海市第一中等职业学校）和陈冬冬（东莞理工学校）担任主编，由蔡德琛（珠海市理工职业技术学校）、朱海鑫（中山市中等专业学校）和邓爱玲（东莞市信息技术学校）担任副主编，彭亚发（广东交通职业技术学院）、范智峰（广州海智通信息科技有限公司）、邱邢海（珠海市第一中等职业学校）、张美珍（东莞理工学校）、杜建（珠海市理工职业技术学校）、陈汉贤（中山市中等专业学校）、张宝升（东莞市信息技术学校）参加编写。其中，第 1 章和第 2 章由邓爱玲编写，第 3 章和第 8 章由陈冬冬编写，第 4 章由蔡德琛编写，第 6 章和第 7 章由朱海鑫编写，第 5 章和第 9 章由蓝永健编写，最后由蓝永健统稿。彭亚发和范智峰提供了部分项目案例，邱邢海、张美珍、杜建、陈汉贤、张宝升提供了部分习题和实训素材。

　　读者可以通过学银在线开放课程（www.xueyinonline.com/detail/232634317）进行学习。

　　由于编者水平有限，书中难免会有疏漏或不足之处，敬请读者批评指正。

编　者

# 二维码索引

（续）

# 目　录

# 目　录

# 目　录

## 第 2 部分　Python 编程应用

# 第1部分

# Python
# 编程基础

# Chapter 1

# 第1章
# 开始Python学习

在方兴未艾的机器学习以及热门的大数据分析技术领域，Python 语言的热度非常高。Python 语言因简洁的语法、出色的开发效率以及强大的功能，迅速在多个领域占据一席之地，成为最符合人们期待的编程语言之一。本章将安装和部署 Python，并学会使用 PyCharm 集成开发环境来编写第一个 Python 程序。

## 学习目标

1）了解 Python 的特点、版本以及应用领域。

2）熟悉 Python 的下载与安装方法。

3）了解 PyCharm 的安装及简单使用方法。

4）掌握使用 pip 管理第三方库的方法。

5）了解 Python 的应用领域，树立正确的职业观。

6）培养编写程序时的规则意识。

思维导图

思维导图如图 1-1 所示。

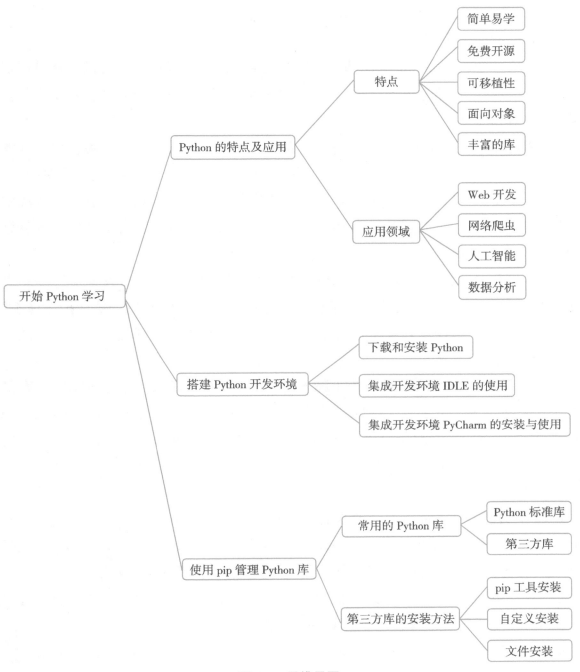

图 1-1 思维导图

## 1.1 Python 的特点及应用

### 1.Python 的特点

Python 语言之所以能够迅速发展，受到程序员的青睐，与它具有的特点密不可分。Python 的特点可以归纳为以下几点：

1）简单易学。Python 语法简洁，非常接近自然语言，仅需少量关键字便可识别循环、条件、分支、函数等程序结构。与其他编程语言相比，Python 可以使用更少的代码实现相同的功能。

2）免费开源。Python 是开源软件，这意味着可以免费获取 Python 源代码，并能自由复制、阅读、改动；Python 在被使用的同时也被许多优秀人才改进，进而不断完善。

3）可移植性。作为一种解释性语言，可以在任何安装了 Python 解释器的环境中执行，因此使用 Python 程序具有良好的可移植性，在某个平台编写的程序仅需少量修改便可在其他平台运行。

4）面向对象。面向对象程序设计的本质是建立模型以体现抽象思维过程和面向对象的方法，基于面向对象编程思想设计的程序质量高、效率高、易维护、易扩展。Python 正是一种支持面向对象的编程语言，因此使用 Python 可开发出高质、高效、易于维护和扩展的优秀程序。

5）丰富的库。Python 不仅内置了庞大的标准库，而且定义了丰富的第三方库帮助开发人员快速、高效地处理各种工作。例如，Python 提供了与系统操作相关的 os 库、正则表达式 re 模块、图形用户界面 tkinter 库等标准库。只要安装了 Python，开发人员就可自由地使用这些库提供的功能。

### 2.Python 的应用领域

1）Web 开发。Python 有上百种 Web 开发框架，选择 Python 开发 Web 应用，不但开发效率高，而且运行速度快。常用的 Web 开发框架有：Django、Flask、Tornado 等。例如，全球最大的搜索引擎 Google，在其网络搜索系统中就广泛使用 Python 语言。

2）网络爬虫。Python 提供了很多服务于编写网络爬虫的工具，例如 urllib、Selenium 和 BeautifulSoup 等，还提供了一个网络爬虫框架 Scrapy。

3）人工智能。Python 有很多库很方便做人工智能，比如 numpy、scipy 可用于数值计算，sklearn 可用于机器学习，pybrain 可用于神经网络，matplotlib 可用于数据可视化。在人工智能大范畴领域内的数据挖掘、机器学习、神经网络、深度学习等方面，Python 都是主流的编程语言，得到了广泛的支持和应用。

4）数据分析。数据分析处理方面，Python 有很完备的生态环境。"大数据"分析中涉及的分布式计算、数据可视化、数据库操作等，Python 中都有成熟的模块可供选择完成其功能。

## 1.2 搭建 Python 开发环境

### 1. 下载和安装 Python

可以在 Python 官方网站中下载 Python 的编译器以搭建 Python 的开发环境。下面以 Windows 操作系统为例演示 Python 的下载与安装过程，具体操作如下：

1）访问 https://www.python.org/，选择 Downloads → Windows，如图 1-2 所示。

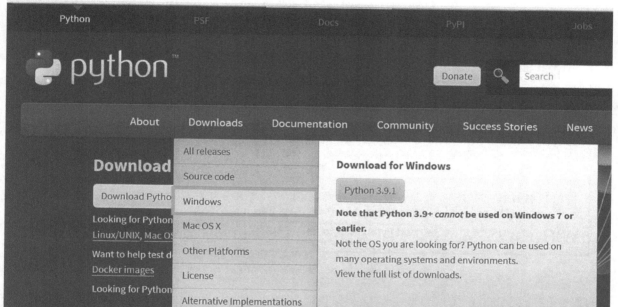

图 1-2 Python 官网首页

2）选择 Windows 后，页面跳转到 Python 的下载页，下载页面中有多个版本的安装包。可以根据自己的需求，选择 Python 版本 32 位或者 64 位离线安装包。

3）本例选择 64 位离线安装包，下载成功后，双击开始安装。安装界面中提供了默认安装和自定义安装两种方式，安装界面下方有 "Add Python 3.9 to PATH" 复选框，如勾选此复选框，安装后 Python 将被自动添加到环境变量中，不勾选此复选框，在使用 Python 解释器之前需要先手动将 Python 添加到环境中，如图 1-3 所示。

4）本例采用自定义方式，可以根据用户的需要有选择性地安装，单击 "Customize installation"，进入设置可选功能界面，如图 1-4 所示。

5）保持默认配置，单击 "Next" 按钮进入设置高级选项的界面，用户在该界面可以根据自身需要勾选功能，并设置 Python 的安装路径，具体如图 1-5 所示。

6）选好 Python 的安装路径后，单击"Install"按钮开始安装，直到出现安装成功的界面。

7）以下检查 Python 是否安装成功，在 Windows 操作系统中打开命令提示符，在命令提示符窗口中输入"python"，如果可以正确显示 Python 的版本就表明安装成功，如图 1-6 所示。

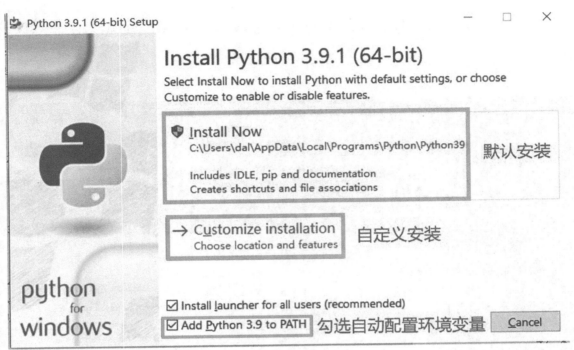

图 1-3　Python 安装界面

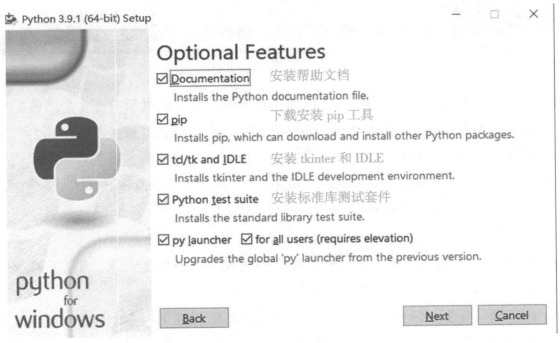

图 1-4　可选功能界面

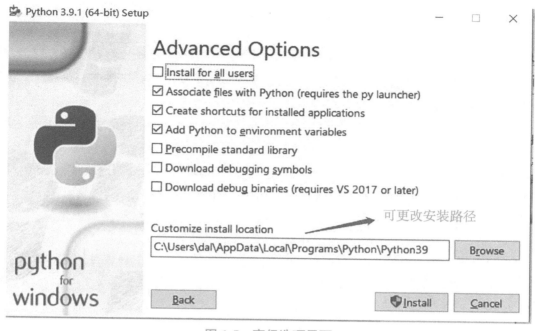

图 1-5　高级选项界面

图 1-6　显示 Python 版本信息

### 2. 集成开发环境 IDLE 的使用

Python 安装过程中默认自动安装了 IDLE，它是 Python 自带的集成开发环境。下面以 Windows 7 操作系统为例介绍如何使用 Python 自带的集成开发环境编写 Python 代码。

在 Windows 操作系统的开始菜单的搜索栏中输入 IDLE，然后单击 IDLE 进入 IDLE 的 Shell 界面，具体如图 1-7 所示。

图 1-7　IDLE 的 Shell 界面

它是一个交互式的 Shell 界面，可以在 Shell 界面中直接编写 Python 代码。例如，使用 print 函数输出"您好，Python 编程语言。"，如图 1-8 所示。

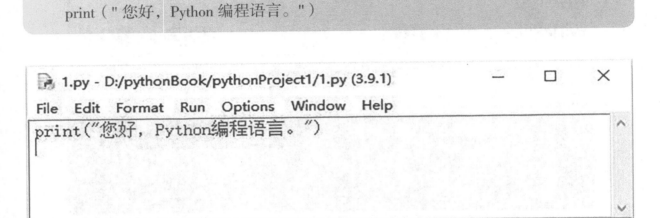

图 1-8　在 Shell 界面编写程序

IDLE 除了支持交互式编写代码，还支持文件式编写代码。在交互式窗口中选择 File → New File 命令，创建并打开一个新的界面，如图 1-9 所示。

在新建的文件中编写如下代码。

```
print（"您好，Python 编程语言。"）
```

图 1-9　在代码编写区书写程序

编写完成之后，选择 File → Save As 命令将文件以 "1.py" 命名并保存。在窗口中选择 Run → Run Module 命令运行代码，Python Shell 窗口中运行的结果，如图 1-10 所示。通过以上两种方式，就可以开始使用 Python 进行编程了。

图 1-10　显示运行结果

### 3. 集成开发环境 PyCharm 的安装与使用

PyCharm 是 JetBrains 公司开发的一款 Python 集成开发环境。由于其具有智能代码编辑器、智能提示、自动导入等功能，目前已经成为 Python 专业开发人员和初学者广泛

使用的 Python 开发工具。下面以 Windows 操作系统为例，介绍如何安装并使用 PyCharm。

（1）PyCharm 的安装

访问 PyCharm 官网 https://www.jetbrains.com/pycharm/download 进入下载页面，如图 1-11 所示。

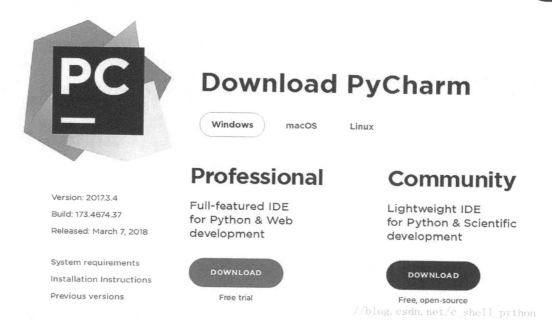

图 1-11　PyCharm 官网首页

Professional 表示专业版，Community 表示社区版。这里推荐安装社区版，它是可以免费使用的。它们的特点如下：

1）Professional 版本的特点。

- 提供 Python IDE 的所有功能，支持 Web 开发。

- 支持 Django、Flask Google App 引擎、Pyramid 和 web2py。

- 支持 JavaScript、CoffeeScript、TypeScript、CSS 和 Python 等。

- 支持远程开发、Python 分析器、数据库和 SQL 语句。

2）Community 版本的特点。

- 轻量级的 Python IDE，只支持 Python 开发。

- 免费、开源、集成 Apache2。

- 智能编辑器、调试器，支持重构和错误检查，集成 VCS 版本控制。

PyCharm 安装完成后，默认可能是没有中文界面的。通过简单的设置，可以成功配置中文语言包。选择 File → Settings → Plugins 命令，在右面搜索框中输入 "chinese" 搜索到 "Chinese（Simplified）Language Pack / 中文语言包"，然后即可安装中文语言包，如图 1-12 所示。

图 1-12　安装中文语言包

（2）使用 PyCharm 编写程序

选择"文件→新建项目→纯 Python 项目"命令，在新建项目的界面中输入项目保存的路径并选择 Python 解释器，即可以快速创建一个 Python 项目，如图 1-13 所示。

图 1-13　新建纯 Python 项目

在软件界面的左边项目列表中，对项目名称"pythonProject1"单击鼠标右键，选择"新建→Python 文件"命令，将新建的 Python 文件命名为"1.py"，如图 1-14 所示。

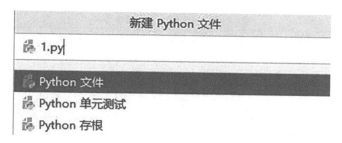

图 1-14　新建 Python 文件

在代码编写区中编写如下代码。

```
print（"这是 Pycharm 软件。"）
```

编写好代码后，在代码区单击鼠标右键，选择"运行"命令，即可以看到程序调试运行的结果，如图 1-15 所示。

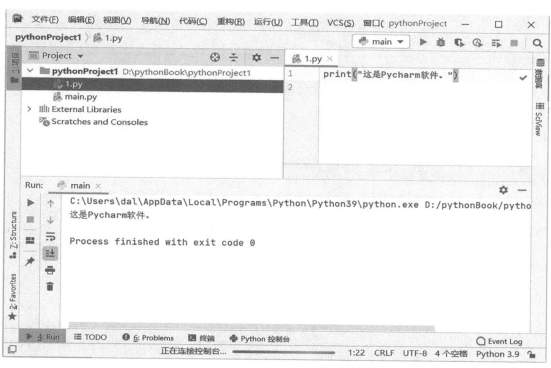

图 1-15　在 PyCharm 中编写代码

## 1.3 使用 pip 管理 Python 库

### 1. 常用的 Python 库

在 Python 中，库或模块是指一个包含函数的定义、类定义或常量的 Python 程序文件。Python 的标准库是随着 Python 安装的时候默认自带的库。常用的 Python 标准库见表 1-1。

表 1-1　常用的 Python 标准库

| 名　　称 | 作　　用 |
| --- | --- |
| datetime | 为日期和时间处理同时提供了简单和复杂的方法 |
| zlib | 直接支持通用的数据打包和压缩格式：zlib、gzip、bz2、zipfile 以及 tarfile |
| random | 提供了生成随机数的工具 |
| math | 为浮点运算提供了对底层 C 函数库的访问 |
| sys | 工具脚本经常调用命令行参数。这些命令行参数以链表形式存储于 sys 模块的 argv 变量中 |
| glob | 提供了一个函数用于从目录通配符搜索中生成文件列表 |
| os | 提供了不少与操作系统相关联的函数 |

在默认情况下，安装 Python 时不会安装任何拓展库，可根据需要安装相应的拓展库。表 1-2 是常用的第三方库。

表 1-2　常用的第三方库

| 名　　称 | 作　　用 |
| --- | --- |
| Scrapy | 爬虫工具常用的库 |
| Requests | http 库 |
| Pillow | 是 PIL（Python 图形库）的一个分支。适用于在图形领域工作的人 |
| matplotlib | 绘制数据图的库。对于数据科学家或分析师非常有用 |
| OpenCV | 图片识别常用的库，通常在练习人脸识别时会用到 |
| pytesseract | 图片文字识别，即 OCR 识别 |
| wxPython | Python 的一个 GUI（图形用户界面）工具 |
| pywin32 | 提供和 Windows 交互的方法和类的 Python 库 |
| Pyglet | 3D 动画和游戏开发引擎 |
| Pygame | 开发 2D 游戏的时候使用会有很好的效果 |
| NumPy | 为 Python 提供了很多高级的数学方法 |
| nose | Python 的测试框架 |
| IPython | Python 的提示信息，包括完成信息、历史信息、Shell 功能以及其他很多方面 |
| BeautifulSoup | XML 和 HTML 的解析库，对于新手非常有用 |

### 2. 第三方库的安装方法

Python 第三方库有三种安装方法：一是 pip 工具安装，二是自定义安装，三是文件安装。

（1）pip 工具安装

最常用且高效的 Python 第三方库安装方式是采用 pip 工具安装。pip 是安装和管理 Python 包的工具。使用 pip 安装第三方库需要联网，安装一个库的命令格式如下：

> pip install ＜库名＞

pip 工具能够对第三方库进行基本的维护，表 1-3 是 pip 常用的子命令。注意要在 cmd 命令行下运行 pip 程序，不要在 IDLE 环境中运行。

表 1-3　pip 常用的子命令

| pip 常用的子命令示例 | 说　明 |
| --- | --- |
| pip list | 查看已安装的库及对应版本号 |
| pip install you-get | 安装库，如安装 "you-get" 库 |
| pip help | 帮助命令 |
| pip show you-get | 查看包的一些信息，如查看 "you-get" 库 |
| pip install --upgrade you-get | 升级库，如升级 "you-get" 库 |

例如，安装 pygame 库，pip 工具默认从网络下载 pygame 库安装文件并自动安装到系统中，命令如下。

> pip install pygame

安装 pygame 库的效果如图 1-16 所示。

图 1-16　安装 pygame 库的效果

注：在安装拓展库时，推荐使用 pip，绝大部分类库都能通过 pip 进行安装。但受限于操作系统的编译环境，有极少的类库无法在 Windows 环境中正确安装。

（2）自定义安装

自定义安装须按第三方库提供的步骤和方式安装。第三库都有主页用于维护库的代码和文档。以科学计算用的 NumPy 库为例，开发者维护的官方主页是 https://numpy.org/。

浏览网页找到下载链接 http://www.scipy.org/scipylib/download.html，进而根据提示步骤下载和安装。

自定义安装一般适用于在 pip 中尚无登记或安装失败的第三方库。

（3）文件安装

对于大部分拓展库，使用 pip 工具直接在线安装都会成功，但是有时候会因为缺少 VC 编辑器或依赖文件而失败。在 Windows 系统中，如果在线安装拓展库失败，可以从第三方网站，比如网站 http://www.lfd.uci.edu/~gohlke/pythonlibs/ 中下载大量第三方编译好的 .whl 格式扩展库安装文件。此处要注意，一定要选择正确版本，如图 1-17 所示。比如，文件名中有 cp38 表示适用于 Python 3.8，有 cp37 表示适用于 Python 3.7，以此类推；文件名中有 win32 表示适用于 32 位 Python，有 win_amd64 表示适用于 64 位 Python。在安装时尽量不要修改下载的文件名。

**Psutil**: provide information on running processes and system utilization.

psutil-5.8.0-pp37-pypy37_pp73-win32.whl
psutil-5.8.0-cp39-cp39-win_amd64.whl　　　　→　适用 win64Python 3.9
psutil-5.8.0-cp39-cp39-win32.whl
psutil-5.8.0-cp38-cp38-win_amd64.whl
psutil-5.8.0-cp38-cp38-win32.whl
psutil-5.8.0-cp37-cp37m-win_amd64.whl
psutil-5.8.0-cp37-cp37m-win32.whl
psutil-5.8.0-cp36-cp36m-win_amd64.whl
psutil-5.8.0-cp36-cp36m-win32.whl
psutil-5.6.7-cp35-cp35m-win_amd64.whl
psutil-5.6.7-cp35-cp35m-win32.whl

图 1-17　.whl 格式扩展库

在命令提示符环境中使用 pip 命令进行离线安装。在安装时，如果 whl 文件放在了 Python 安装目录中则可以省略 whl 文件的路径，否则就需要添加完整的 whl 文件本地路径。

```
pip install psutil−5.6.7−cp38−cp38−win_amd64.whl
```

如果由于网速问题导致在线安装速度过慢，pip 命令支持指定国内的站点来提高速度。下面的命令用来从阿里云服务器下载安装扩展库 jieba，其他服务器地址可以自行查阅。

> pip install jieba –i http://mirrors.aliyun.com/pypi/simple ––trusted–host mirrors.aliyun.com

如果遇到类似于"拒绝访问"的出错提示，可以使用管理员权限启动命令提示符，或者在执行 pip 命令时在最后增加选项"––user"。

一般优先采用 pip 工具安装，如果安装失败，则选择自定义安装或者文件安装。如果在没有网络的条件下安装 Python 第三方库，则直接采用 .whl 文件安装。.whl 文件也可以通过 pip download 命令在网络条件下获得。

## 案例——模拟手机充值

### 案例描述

在生活中经常出现这个场景，当手机余额不足时，会收到运营商发来的提示短信，此时用户可以根据需要在充值平台上输入要充值的手机号码和金额进行充值，充值成功后，会再次收到短信提示。如何使用 Python 模拟以上情景呢？

### 案例分析

它用到的技术点有以下几个方面：

1）使用 input 函数提示并接收用户输入的数据。

2）使用变量保存用户输入的数据。

3）使用 print() 函数输出提示信息。

### 实施步骤

在 PyCharm 软件中新建 Python 文件"recharge.py"，输入以下代码。本书的代码例子将默认应用 PyCharm 软件进行编写。

```python
print(' 欢迎使用 XXX 充值业务，请输入充值金额：')
info = input()   #记录控制台输入的信息
print(' 充值成功，您本次充值 ',info,' 元 ')
```

**调试结果**

在代码编辑区按 <Shift+F10> 组合键或者单击鼠标右键选择"运行"命令即可调试，效果如图 1-18 所示。

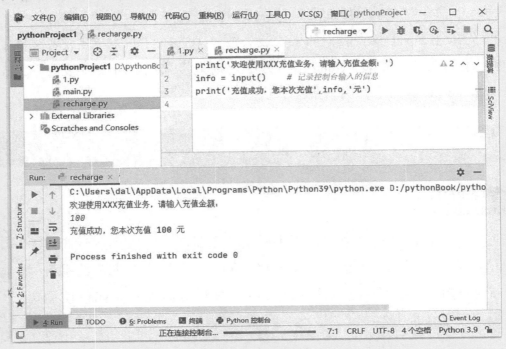

图 1-18　效果图

1）输入不同的充值金额，查看程序调试结果。

2）结合上面的案例，请编写一个名片打印程序，输出公司名称、联系人姓名、联系人职位、公司地址、联系人电话和联系人邮箱等信息。

**本章小结**

本章主要介绍了一些 Python 的入门知识，包括 Python 的特点、应用领域以及 Python 的开发环境的搭建。通过本章的学习，可以独立搭建 Python 的开发环境，并对 Python 开发有初步的认识，为后续的学习做好铺垫。

## 习 题

**操作题**

1）请在自己的计算机中下载和安装 Python。

2）请在自己的计算机中下载和安装 PyCharm 软件。

3）请使用 IDLE 编写一个简单的程序，并尝试运行它。

4）请使用 PyCharm 编写一个简单的程序，并尝试运行它。

5）请使用 pip 命令安装 pyinstaller 模块，该库的功能是将 .py 文件打包为可直接运行的文件。

6）请使用 pip 命令安装 matplotlib 模块，matplotlib 是一个 Python 的 2D 绘图库。

7）请使用 pip 命令查看 matplotlib 模块信息。

8）请使用 pip 命令升级 matplotlib 模块信息。

# Chapter 2

## 第2章
## Python基础语法和
## 简单运算

BMI 指数是目前国际常用的衡量人体胖瘦是否健康的一个标准，如何通过输入身高体重计算 BMI 值呢？每年"双十一"的销售额都创新高，大家可以预测下一年的"双十一"的销售额吗？这些可以用 Python 编写小程序来帮助大家计算。本章将对 Python 的基本语法、数字类型和运算符进行讲解，并通过实例带领大家掌握它们的使用方法。

### 学习目标

1）了解代码规范，掌握变量的意义。

2）掌握基本输入函数和输出函数。

3）了解数据类型的表示方法。

4）掌握数据类型的转换函数。

5）熟悉使用运算符，明确混合运算中运算符的优先级。

6）了解 Python 程序开发规范的重要性。

7）了解软件行业规范，学习软件人的工匠精神。

**思维导图**

思维导图如图 2-1 所示。

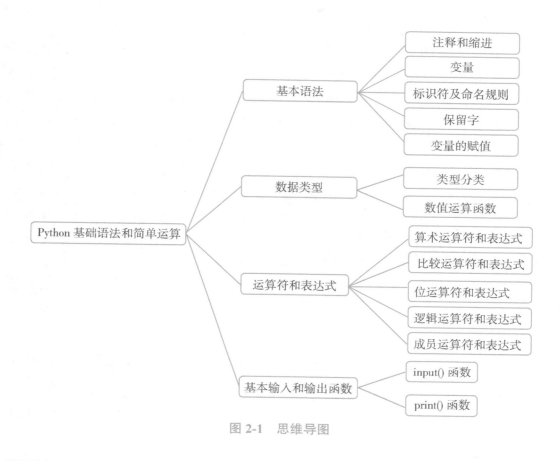

图 2-1　思维导图

## 2.1　基本语法

在程序开发时要重视编写规范，使程序不仅可以在机器中正确执行，还应便于调试和阅读，方便日后的维护。下面对基本语法做具体的介绍。

**1. 注释和缩进**

（1）注释

注释是代码中穿插的辅助性文字，用于标识代码的含义与功能，以提高程序的可读性。Python 代码中的注释分为单行注释和多行注释。

【范例2-1】 代码的注释

1）单行注释。单行注释以"#"标识，大多数情况写在行首，也可以写在语句或表达式行末。

2）多行注释。多行注释包含在3对英文半角单引号（'''）或三对英文半角双引号（"""）之间。

```
#第一个单行注释，它可以写在一行的开头
print ("Hello, Python!") #第二个单行注释，它可以写在某行代码的后面
'''
这是多行注释，使用三个单引号。
这是多行注释，使用三个单引号。
'''


"""
这是多行注释，使用三个双引号。
这是多行注释，使用三个双引号。
"""
```

（2）缩进

Python 最具特色的就是用缩进来写模块。Python 代码的缩进可以通过 <Tab> 键控制，也可使用空格键控制。使用空格键是 Python 3 首选的缩进方法，Python 3 不允许混合使用 <Tab> 键和空格键来缩进。缩进的代码从属于之上最近的一行非缩进或非同级缩进的代码。

【范例2-2】 代码的缩进

下面的代码演示了缩进的规则。缩进的空白数量是可变的，但是所有代码块语句必须包含相同的缩进空白数量。

```
#以下实例缩进为四个空格，是正确的缩进，它不会报错
if True:
    print ("True")
else:
    print ("False")
#以下代码将会执行错误
```

```
if True:
    print ("Answer")
    print ("True")
else:
    print ("Answer")
     print ("False") # 没有严格缩进，在执行时会报错
```

执行以上代码，它的运行结果如下：

```
File "D:/pythonBook/pythonProject2/ 范例 2-1 代码的缩进 .py", line 14
    print ("False") # 没有严格缩进，在执行时会报错
    ^

IndentationError: unexpected indent
```

Python 中报错："IndentationError: unexpected indent"，翻译过来就是"缩进错误：意外的缩进"。这个时候显然应该仔细查看代码中的缩进是否规范，如果使用的缩进方式不一致，有的是 <Tab> 键缩进，有的是空格键缩进，改为一致即可。Python 对格式要求非常严格。

## 小提示

在 Python 的代码块中必须使用相同数目的行首缩进空格数。在缩进的时候，可以使用空格键来产生，也可以按 <Tab> 键来产生。每按一次 <Tab> 键都会缩进一个制表符位置。

### 2. 变量

Python 程序运行的过程中随时可能产生一些临时数据，应用程序会将这些数据保存在内存单元中，并使用不同的标识符来标识各个内存单元。这些具有不同标识、存储临时数据的内存单元称为变量，标识内存单元的符号则为变量名（标识符的一种），内存单元中存储的数据就是变量的值。

变量可以指定不同的数据类型，这些变量可以存储整数、小数或字符。比如 Python 有五个标准的数据类型：Numbers（数字）、String（字符串）、List（列表）、Tuple（元组）、Dictionary（字典）。它们的特征将会在后面介绍。

### 3. 标识符及命名规则

变量名是标识符的一种，关键字是一种特殊的标识符。为了帮助读者理解变量，这里对标识符和关键字以及变量的命名规范进行讲解。命名时应遵循以下规则：

1）由字母、数字和下画线组成，且不以数字开头。

2）区分大小写。例如，andy 和 Andy 是不同的标识符。

3）通俗易懂，见名知意。例如，表示姓名，可以使用 name。

4）如果由两个及以上单词组成，单词与单词之间使用下画线连接。

### 4. 保留字

保留字是 Python 语言预先定义好具有特殊含义的标识符，用于记录特殊值，原则上编程人员可以在遵守规则的前提下任意为变量命名，但变量名不能与 Python 语言的保留字相同。以下演示打印 Python 保留字列表。

```
import keyword
print(keyword.kwlist)
```

执行以上程序会输出如下结果：

```
['False', 'None', 'True', 'and', 'as', 'assert', 'break', 'class', 'continue', 'def', 'del', 'elif',
'else', 'except', 'finally', 'for', 'from', 'global', 'if', 'import', 'in', 'is', 'lambda', 'nonlocal', 'not',
'or', 'pass', 'raise', 'return', 'try', 'while', 'with', 'yield']
```

小提示

一些错误变量命名举例：

1）使用了保留字的错误命名：try=100，True=0。

2）使用了数字开头的错误命名：12student，2020year。

3）使用了空格作为连接的错误命名：my school。

### 5. 变量的赋值

每个变量在使用前都必须赋值，变量赋值以后该变量才会被创建。等号 = 用来给变量赋值。"="运算符左边是一个变量名，右边是存储在变量中的值。例如：

```
counter = 100              #定义一个变量并赋值，它是整型变量，右边不需要
                            加引号

student=" 小红同学 "        #定义一个变量并赋值，它是字符型变量，右边需要
                            加引号

a = b = c = 1              #同时对多个变量赋值，结果是三个变量的值都一样：
                            a=1,b=1,c=1

x, y, z = 1, 2, "john"     #为多个对象指定多个变量，结果是三个变量的值都
                            不一样
```

## 2.2　数据类型

### 1. 类型分类

根据数据存储形式的不同，数据类型分为基础的数字类型和比较复杂的组合类型。数字类型有整型（int）、浮点型（float）、复数类型（complex），还有一种比较特殊的整型——布尔类型（bool）。组合类型分为字符串、列表、元组、字典等。

1）整型：通常被称为是整型或整数，可以是正整数或负整数，不带小数点。

整型的四种表现形式：

二进制：以 '0b' 开头。例如，'0b11011' 表示十进制的 27。

八进制：以 '0o' 开头。例如，'0o33' 表示十进制的 27。

十进制：正常显示。

十六进制：以 '0x' 开头。例如，'0x1b' 表示十进制的 27。

2）浮点数：浮点数一般以十进制形式表示，对于较大或较小的浮点数，可以使用科学计数法表示。

3）复数类型：复数由实数部分和虚数部分构成，可以用 a + bj，或者 complex(a,b) 表示，复数的实部 a 和虚部 b 都是浮点型。

4）布尔类型：Python 中的布尔类型（bool）只有两个取值：True 和 False。

### 2. 数值运算函数

Python 中数学运算常用的函数基本都在 math 模块和 cmath 模块中。Python math 模块提供了许多对浮点数的数学运算函数；Python cmath 模块包含了一些用于复数运算的

函数。

cmath 模块的函数跟 math 模块函数基本一致，区别是 cmath 模块运算的是复数，math 模块运算的是数学运算。要使用 math 或 cmath 函数必须先导入 math 库。

```
import math
```

表 2-1 是常用的数学函数，它包含求绝对值、最大值、最小值和四舍五入等函数。

表 2-1　Python 数学函数

| 函数名称 | 返回值（描述） |
|---|---|
| abs（x） | 返回数字的绝对值，如 abs（−10）返回 10 |
| max（x1, x2,...） | 返回给定参数的最大值，参数可以为序列 |
| min（x1, x2,...） | 返回给定参数的最小值，参数可以为序列 |
| pow（x, y） | x**y 运算后的值 |
| round（x [,n]） | 返回浮点数 x 的四舍五入值，如给出 n 值，则代表舍入到小数点后的位数 |
| sqrt（x） | 返回数字 x 的平方根 |

## 2.3　运算符和表达式

### 1. 算术运算符和表达式

算术运算符包括 +、−、*、/、%、** 和 //，这些运算符都是双目运算符，每个运算符可以与两个操作数组成一个表达式。以操作数 a=3、b=5 为例，Python 中的算术运算符的功能与示例见表 2-2。

表 2-2　算术运算符的功能与示例

| 运算符 | 描述 | 示例 |
|---|---|---|
| + | 加：两个对象相加 | a + b 输出结果 8 |
| − | 减：得到负数或是一个数减去另一个数 | a − b 输出结果 −2 |
| * | 乘：两个数相乘或是返回一个被重复若干次的字符串 | a * b 输出结果 15 |
| / | 除：x 除以 y | b / a 输出结果 1.6666666666666667 |
| % | 取模：返回除法的余数 | b % a 输出结果 2 |
| ** | 幂：返回 x 的 y 次幂 | a**b 为 3 的 5 次方，是 243 |
| // | 取整除：向下取接近商的整数 | <<< 9//2<br>4<br>>>> −9//2<br>−5 |

Python 在对不同类型的对象进行运算时，会强制将对象的类型进行临时类型转换，这些转换遵循如下规律：

1）布尔类型进行算术运算时，被视为数值 0 或 1；

2）整型与浮点型运算时，将整型转化为浮点型；

3）其他类型与复数运算时，将其他类型转换为复数类型。

小提示

在算术运算符中，除、取模、取整除是经常会使用的，不要混淆了它们的作用。

在判断整数是偶数还是奇数时，可以使用取模运算，看结果的余数是否为 0。如果是余数 0，则是偶数。如 4%2 结果是 0，5%2 的结果是 1。

请注意 * 和 ** 是不一样的运算，需要认真区分。

### 2. 比较运算符和表达式

比较运算符有 ==、!=、>、<、> =、< =。比较运算符同样是双目运算符，它与两个操作数构成一个表达式。以操作数 a=3、b=5 为例，其用法见表 2-3。

表 2-3 比较运算符用法

| 运算符 | 描述 | 示例 |
| --- | --- | --- |
| == | 等于：比较对象是否相等 | （a==b）返回 False |
| != | 不等于：比较两个对象是否不相等 | （a!=b）返回 True |
| > | 大于：返回 x 是否大于 y | （a > b）返回 False |
| < | 小于：返回 x 是否小于 y。所有比较运算符返回 1 表示真，返回 0 表示假。这分别与特殊的变量 True 和 False 等价。注意，这些变量名的首字母大写 | （a < b）返回 True |
| > = | 大于等于：返回 x 是否大于等于 y | （a > =b）返回 False |
| < = | 小于等于：返回 x 是否小于等于 y | （a < =b）返回 True |

### 3. 位运算符和表达式

位运算符是把数字看作二进制来进行计算的。以操作数 a=3、b=5 为例，Python 中的位运算符用法见表 2-4。

表 2-4　位运算符用法

| 运算符 | 描述 | 示例 |
|---|---|---|
| & | 按位与运算符：参与运算的两个值，如果两个相应位都为 1，则该位的结果为 1，否则为 0 | （a & b）输出结果 1，二进制解释：0000 0001 |
| \| | 按位或运算符：只要对应的两个二进位有一个为 1 时，结果位就为 1 | （a \| b）输出结果 7，二进制解释：0000 0111 |
| ^ | 按位异或运算符：当两个对应的二进位相异时，结果为 1 | （a ^ b）输出结果 6，二进制解释：0000 0110 |
| ~ | 按位取反运算符：对数据的每个二进制位取反，即把 1 变为 0，把 0 变为 1。~x 类似于 −x−1 | （~a）输出结果 −4，二进制解释：1000 0100 |
| << | 左移动运算符：运算数的各二进位全部左移若干位，由 "<<" 右边的数指定移动的位数，高位丢弃，低位补 0 | （a << 2）输出结果 12，二进制解释：0000 1100 |
| >> | 右移动运算符：把 ">>" 左边的运算数的各二进位全部右移若干位，">>" 右边的数指定移动的位数 | （a >> 2）输出结果 0，二进制解释：0000 0000 |

### 4. 逻辑运算符和表达式

Python 中分别使用 and、or、not 这三个关键字作为逻辑运算"与""或""非"的运算符。以下假设变量 a=10、b=20，其用法见表 2-5。

表 2-5　逻辑运算符用法

| 运算符 | 逻辑表达式 | 描述 | 示例 |
|---|---|---|---|
| and | x and y | 布尔"与"：如果 x 为 False，x and y 返回 x 的值，否则返回 y 的计算值 | （a and b）返回 20 |
| or | x or y | 布尔"或"：如果 x 是 True，它返回 x 的值，否则它返回 y 的计算值 | （a or b）返回 10 |
| not | not x | 布尔"非"：如果 x 为 True，返回 False，如果 x 为 False，它返回 True | not（a and b）返回 False |

### 5. 成员运算符和表达式

除了以上的一些运算符之外，Python 还支持成员运算符，测试实例中包含了一系列的成员，包括字符串、列表或元组。表 2-6 是成员运算符的用法。

表 2-6　成员运算符用法

| 运算符 | 描述 | 示例 |
|---|---|---|
| in | 如果在指定的序列中找到值则返回 True，否则返回 False | x in y<br>x 在 y 序列中，如果 x 在 y 序列中返回 True |
| not in | 如果在指定的序列中没有找到值返回 True，否则返回 False | x not in y<br>x 不在 y 序列中，如果 x 不在 y 序列中返回 True |

## 2.4　基本输入和输出函数

程序要实现人机交互功能，需能够向显示设备输出有关信息及提示，同时也要能够接收从键盘输入的数据。input() 函数用于接收一个标准输入数据，该函数返回一个字符串类型数据。print() 函数用于向控制台中输出数据。

**【范例2-3】** input() 函数和 print() 函数的使用

在使用 print() 时，可以灵活地结合 format() 来使用，可以把字符进行格式化。

```python
#变量与字符串的连接（拼接）方法一
city=' 中国珠海 ' #定义一个变量并同时赋值
print(' 这里有一行文字 ') #输出字符器，需要加上引号
print(city)  #输出变量，不需要加上引号
print(' 我爱 ',city,' 永远爱它。') #这里使用逗号 + 变量的方法，把字符串与变量
连接起来


#变量与字符串的格式化（拼接）方法二
#括号及其里面的字符 ( 称作格式化字段 ) 将会被 format() 中的参数替换
print('{} 网址：{}'.format(' 百度 ', 'www.baidu.com'))


# 在括号中的数字用于指向传入对象在 format() 中的位置，即数字序号
print('{0} 和 {1}'.format('Google', 'baidu'))


# 如果在 format() 中使用了关键字参数 , 那么它们的值会指向使用该名字的参数
print('{name} 网址：{site}'.format(name='Python 教程 ', site='www.baidu.com'))


# 位置及关键字参数可以任意结合
print(' 站点列表 {0}, {1}, 和 {other}。'.format('sina', 'baidu', other='taobao'))


#input() 输入示范
yourname=input() # 这里没有提示 , 让你输入内容
yourage=input(' 请输入你的年龄：') # 这里有提示，使用比较友好 , 让你输入内容
```

它的结果如下：

> 这里有一行文字
>
> 中国珠海
>
> 我爱 中国珠海 永远爱它。
>
> 百度网址：www.baidu.com
>
> Google 和 baidu
>
> Python 教程网址：www.baidu.com
>
> 站点列表 sina, baidu, 和 taobao。
>
> 你好
>
> 请输入你的年龄：18

如果在输入之前没有任何文字提示，对用户的使用是不友好的。

## 案例——货运软件对钢管重量的智能估算

### 案例描述

　　港珠澳大桥集桥、岛、隧于一体，是目前世界上最长的跨海大桥，有无数的技术创新，并于 2018 年 10 月 24 日开通运营。港珠澳大桥是目前内地建设标准最高的桥梁，设计使用寿命 120 年，抗台风 16 级，主梁用钢达 42 万 t（可建 60 座埃菲尔铁塔）。隧道海底部分长 5664m，由 33 个巨型沉管连接而成，沉管排水量约 76 000t，比辽宁舰满载时还多出 8500t，人送外号——沉管航母，沉管共消耗 33 万 t 钢筋和 100 万立方米混凝土，足以建造 8 座迪拜塔。

　　科学地计算钢材重量对于钢材的运输十分重要。某物联网研发企业，需要对运输钢材的货运公司设计一个软件，估算每辆车的钢材运输量。一个重要的程序模块是通过用户输入钢材的内半径、外半径和长度，智能地估算指定型号的钢材重量。请编写程序，研发这一个模块。

　　计算钢管的重量的方法（截面算法）：

　　重量 =（外半径 × 外半径 − 内半径 × 内半径）× π × 长度 × 材质密度

通常碳钢的密度是 $7.85g/cm^3$，不锈钢 304/304L 的密度是 $7.93g/cm^3$，不锈钢 316/616L 的密度是 $7.98g/cm^3$。

## 案例分析

1）先计算钢管一端的横截面面积，再乘以长度和密度，求得重量。重量 =（外半径 × 外半径 − 内半径 × 内半径）× π × 长度 × 材质密度。通过查找资料，可知碳钢的密度是 $7.85g/cm^3$，不锈钢 304 的密度是 $7.93g/cm^3$，不锈钢 316/616L 的密度是 $7.98g/cm^3$。

2）创建变量 R 用来保存用户输入的外半径，变量 r 用来保存用户输入的内半径。

3）将用户输入的数据通过 float() 转换成浮点数数据。

4）Python 的 math 模块中包含常量 pi，通过导入 math 模块可以直接使用该值。

5）根据公式计算钢材的重量。

## 实施步骤

新建 Python 文件 "2-3.py"，首先使用 input() 函数来获取用户选择的钢材类型和钢材的内半径 r、外半径 R 与长度 L，然后将用户输入的数据通过 float() 转成浮点数数据，根据公式计算钢材的重量并赋值给变量 w，最后使用 print() 函数输出计算的结果。

```
import math
print('——————钢材重量查询功能——————\n')
print(' 输入 1，碳钢 \n'
    ' 输入 2，不锈钢 304/304L\n'
    ' 输入 3，不锈钢 316/616L\n'
    ' 输入 0，退出自助查询系统！ ')
while True:
    info = input(" 请选择钢材的材质类型 ")
    R = float(input(" 请输入钢材的外半径 ( 毫米 ): "))# 获取输入内容
    r = float(input(" 请输入钢材的内半径 ( 毫米 ): "))
```

```
L = float(input(" 请输入钢材的长度（米）: "))
if info == '1':
    w= float(math.pi*(R*R-r*r)*L*7.85/1000)
    print(' 此钢材的重量（千克）是: ',w)
elif info == '2':
    w= float(math.pi*(R*R-r*r)*L*7.93/1000)
    print(' 此钢材的重量（千克）是: ',w)
elif info =='3':
    w = float(math.pi * (R * R - r * r)*L * 7.98 / 1000)
    print(' 此钢材的重量（千克）是: ',w)
elif info == '0':
    print(' 退出自助查询系统！ ')
    break
```

**调试结果**

可以直接在文件夹路径中双击 "2-3.py" 文件，即可调用。

—————————钢材重量查询功能—————————

输入 1，碳钢

输入 2，不锈钢 304/304L

输入 3，不锈钢 316/616L

输入 0，退出自助查询系统！

请选择钢材的材质类型 1

请输入钢材的外半径（毫米）: 50

请输入钢材的内半径（毫米）: 30

请输入钢材的长度（米）: 5

此钢材的重量（千克）是: 197.29201864543901

## 试一试

1）写出计算圆的面积和周长的程序。

2）结合海伦公式，写出计算三角形面积的程序。

三角形半周长q=(x+y+z)/2，三角形面积S = (q*(q-x)*(q-y)*(q-z))**0.5。x、y和z是三角形的三条边的长度。

3）写出计算球体表面积和体积的程序。

球体表面积公式：S=4*pi*(R^2)，球体体积公式：V=4/3*pi*(R^3)。其中pi为圆周率，R为圆直径，^2为平方，^3为立方。

## 本章小结

　　本章首先对 Python 的语法特点进行了介绍，主要包括注释、代码缩进与编码规范，然后对保留字、标识符及定义变量的方法进行介绍，接下来介绍 Python 的基本数据类型、运算符，最后介绍了基本输入和输出函数。本章的内容是学习 Python 的基础，需要重点掌握，为后续学习打下良好的基础。

## 习　题

### 一、单项选择题

1）关于 Python 中的复数，下列说法错误的是（　　）。

A. 表示复数的语法是 real+imagej

B. 实部和虚部都是浮点数

C. 虚部必须后缀 j，且必须是小写

D. complex（x）会返回以 x 为实部、虚部为 0 的复数

2）下面哪个不是 Python 合法的标识符（　　）。

A. int32　　　　　　　　　　B. 40XL

C. self　　　　　　　　　　D. _name_

3）Python 语言采用严格的"缩进"来表明程序的格式框架。下列说法不正确的是：（    ）。

A. 缩进指每一行代码开始前的空白区域，用来表示代码之间的包含和层次关系。

B. 代码编写中，缩进可以用 <Tab> 键实现，也可以用多个空格实现，但两者不混用。

C. "缩进"有利于程序代码的可读性，并不影响程序结构。

D. 不需要缩进的代码顶行编写，不留空白。

4）在 Python 集成开发环境中，可使用（    ）快捷键运行程序。

A. Ctrl+S          B. F5          C. Ctrl+N          D. F1

5）a=10，b=20，与关系表达式 a!=b 等价的表达式是（    ）。

A. a＜b          B. not a          C. not b          D. not（a and b）

## 二、操作题

1）输入长和宽，计算长方形的面积和周长。

2）输入上底、下底和高，计算梯形的面积和周长。

3）根据输入的父亲和母亲的身高，预测儿子的身高并打印出来，计算公式为：儿子的身高 =（父亲的身高 + 母亲的身高）*0.54。

4）输入 a、b、c，输出 a 与 b 相乘后再除以 c 的值。

5）输入两个整数 x、y，交换这两个数的值后输出 x、y。

6）把 560 分钟换算成用小时和分钟表示，然后进行输出。

7）输入两个整数：1500 和 350，求出它们的商和余数并进行输出。

8）摄氏温度（C）和华氏温度（F）之间的换算关系为：F=C×1.8+32，C=（F−32）÷1.8。输入一个摄氏温度值，自动计算出华氏温度值。

# Chapter 3

## 第3章
## 字符串的应用

在现实世界中，字符串的应用较为广泛，人们写的字（文本）和说的话（语言）基本都可以归纳到其中，通过计算机语言表达文本或语义，同时能够对其进行基础操作，比如文本的对齐、空格的处理以及根据需要进行格式化输出等。本章将深入 Python 字符串的学习，看字符串如何表达语义，还会学习和开发药品电子监管码的识别程序和个人名片生成器的程序。

**学习目标**

1）掌握字符串概念、定义及基本操作。

2）掌握字符串的不同格式输出。

3）熟练应用字符串的处理方法。

4）了解字符串应用场景及基本使用思路。

5）能用 Python 语言描述实际案例问题，能模块化分解问题。

思维导图如图 3-1 所示。

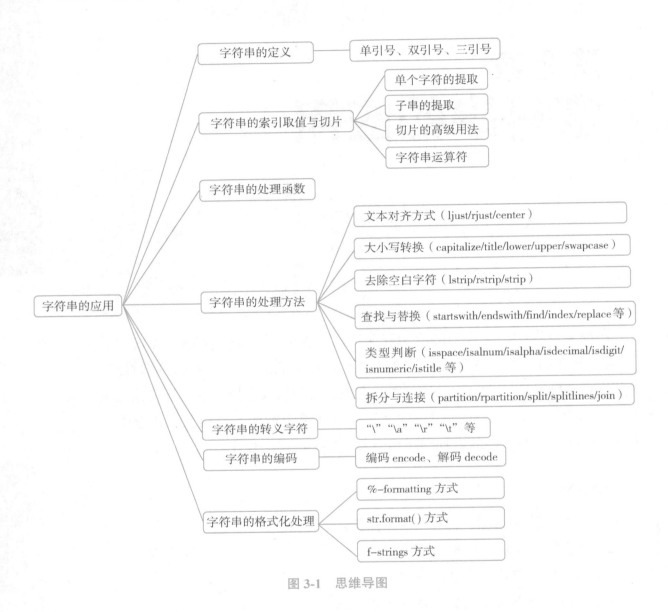

图 3-1　思维导图

## 3.1　字符串的定义

字符串是由零个或多个字符组成的有限序列。Python 里面没有专门用于表示字符的类型，一个字符就是只包含一个元素的字符串。

在使用字符串之前，需要先进行字符串定义。在 Python 中字符串的定义比较灵活，一般使用英文状态下的一对引号表示，可以使用一对单引号、双引号或三引号表示。

```
one_str = 'hello one'
two_str = "hello two"
three_str = """ hello three"""
```

字符串的定义为什么有这么多表示形式呢？主要是解决文本中不同字符串的输出问题，通过不同引号之间的交叉使用进行实现。

比如希望在字符串中包含双引号或单引号，则可以按下面的实例表示：

'这里有个双引号 (")' 或者 "这里有个单引号 (')"

希望在字符串中既包括单引号又包括双引号，则可以按下面的实例表示：

'''这里既包含单引号 (') 又有双引号 (")'''

## 3.2 字符串的索引取值与切片

字符串作为序列类型，其元素被顺序放置，可以理解为一个有序的队列。通过索引（下标）的方式进行提取数值，可以通过索引号提取某一个数据元素，也可以通过指定索引（下标）范围获得一组有序的元素，这种访问序列的方式叫作切片。在 Python 中不仅支持正向索引，同时还支持反向索引。

切片操作方式有：

1）字符串名［索引值］。

2）字符串名［开始索引：结束索引］。

3）字符串名［开始索引：结束索引：步长］。

正向索引从 0 开始，数值从左往右依次递增。反向索引是从右往左开始计算，最右边索引值为 -1，然后依次递减。

设置字符串为 slice_str = "小朋友，你是不是有很多问号？"，字符串下标如图 3-2 所示。

反向递减序号

| -14 | -13 | -12 | -11 | -10 | -9 | -8 | -7 | -6 | -5 | -4 | -3 | -2 | -1 |
|---|---|---|---|---|---|---|---|---|---|---|---|---|---|
| 小 | 朋 | 友 | ， | 你 | 是 | 不 | 是 | 有 | 很 | 多 | 问 | 号 | ？ |
| 0 | 1 | 2 | 3 | 4 | 5 | 6 | 7 | 8 | 9 | 10 | 11 | 12 | 13 |

正向递增序号

图 3-2 字符串下标图

### 1. 单个字符的提取

操作方式：字符串名 [ 索引值 ]

类似其他语言中的数组操作，通过调用字符串中指定元素索引（下标）即可实现字符的提取。正向和反向都可以，正向索引以序列的开始为起点，反向索引以序列的结束为起点。

对上面的例子，获取字符串中"朋"字符的操作如下：

```
slice_str[1]    # 它的结果为"朋"
slice_str[-13]  # 它的结果也为"朋"
```

### 2. 子串的提取

操作方式：字符串名 [ 开始索引：结束索引 ]

使用切片方法提取字符串的子串，需要指明开始索引和结束索引所包含的区间范围，特别注意开始索引指定的元素包含在切片内，结束索引指定的元素不包含在切片中，即区间属于左闭右开 [ 开始索引，结束索引 ]。

提取字符串中"朋友"字符串的操作如下：

```
slice_str[1:3]       # 输出为"朋友"
slice_str[-13:-11]   # 输出为"朋友"
```

从头开始，开始索引数字可以省略；到末尾结束，结束索引数字可以省略，冒号不能省略。上述提取字符串中"朋友"字符串的操作也可如下：

```
slice_str[:3]  # 输出"朋友"
```

复制字符串元素：

```
slice_str [:]  # 输出"小朋友，你是不是有很多问号？"
```

### 3. 切片的高级用法

操作方式：字符串名 [ 开始索引：结束索引：步长 ]

执行切片操作时，通常省略另一个参数，即步长。在普通切片中，步长为1，可省略不写。意味着从一个元素移动到下一个元素，按顺序执行。

num_str = "0123456789"

设定步长为 2，则可以提取 num_str 中包含的所有奇数：

```
num_str[1::2]  # 输出 13579
```

字符串逆序输出：

```
num_str[::-1]  # 输出 9876543210
```

从上面的例子可知，可以通过设置步长大小，指定切片提取元素的间隔数量和方向，如果步长为负数，则表示从右往左提取元素。

## 【范例 3-1】　切片的用法

下面通过范例对切片的各种用法进行演示。

```
str=' 热爱学习编程语言 ' # 注意下标是从 0 开始计算
# 没有步长的简单切片
print('== 没有步长的简单切片 ==')
print(str[0])  # 截取一个
print(str[-2])  # 截取倒数方向的一个
print(str[1:3])  # 截取字符串中的一部分，用的语法是 s[ start : stop ]
print(str[1:])  # 截取字符串中的一部分，从第一位到最后一位
print(str[:-1])  # 截取字符串中的一部分，从开头到第 -1 位


# 有步长的切片方式
print('== 有步长的切片方式 ==')
print(str[0:100:2])  # 截取字符串：从第 0 位开始到第 10 位结束，中间间隔 2 个
取出。100 的长度超出了，它会自动取字符串的最大长度
print(str[::2])       # 截取字符串：省略首和尾数字，即整个字符串，中间间隔 2
个取出
print(str[::-1])       # 反转字符串
print(str[::-2])       # 间隔逆向的取出字符串
```

输出结果如下:

```
== 没有步长的简单切片 ==
热
语
爱学
爱学习编程语言
热爱学习编程语
== 有步长的切片方式 ==
热学编语
热学编语
言语程编习学爱热
言程习爱
```

### 4. 字符串运算符

字符串运算符用于字符串运算,会针对一个以上的操作数项目来进行运算。对于字符串的操作运算符主要有 +(加法)、*(乘法)、in(成员包含判断)等,见表 3-1。

表 3-1　字符串运算符

| 运算符 | Python 表达式 | 结果 | 描述 |
|---|---|---|---|
| + | "hello" + "world" | 'helloworld' | 字符串的拼接 |
| * | "hello" * 3 | "hellohellohello" | 字符串的重复 |
| in | 't' in 'python' | True | 成员运算符,元素是否存在 |
| not in | 'T' not in 'python' | True | 成员运算符,元素是否不存在 |

## 小提示

在 Python 中"*"有不同的含义,在算术运算中一个 * 表示乘法,两个 * 表示幂运算。而在字符串运算中的 * 是重复多次的含义。

A=12*3　　　# A 的结果为 36,它是乘法。

B=12**3　　　# B 的结果为 1728,它是幂运算,是 $12^3$ 的意思。

C="12" * 3　　# C 的结果为 121212,因为 12 用引号了,它是字符串的重复。

## 3.3 字符串的处理函数

对于字符串的处理，Python 提供以函数形式的处理方式，可直接在字符串外部进行调用，常见的有 len(x)、str(x)、hex(x) 或 oct(x)、chr(x)、ord(x)。功能与使用见表 3-2。

表 3-2 字符串处理函数功能与使用

| 函数及使用 | 描述 |
| --- | --- |
| len（x） | 计算长度，返回字符串 x 的长度<br>len（"零壹贰叁肆伍陆柒捌玖"）结果为 10 |
| str（x） | 强制类型转换，任意类型 x 所对应的字符串形式<br>str（1.23）结果为 "1.23"，str（[1,2]）结果为 "[1,2]" |
| hex（x）或 oct（x） | 整数 x 的十六进制或八进制小写形式字符串<br>hex（425）结果为 "0x1a9"，oct（425）结果为 "0o651" |
| chr（x） | x 为 Unicode 编码，返回其对应的字符 |
| ord（x） | x 为字符，返回其对应的 Unicode 编码 |

根据之前学习 Python 字符串编码可以知道，Python 字符串中每个字符都是 Unicode 编码字符，Unicode 编码和对应字符可通过 chr/ord 函数实现两者的转换。

**【范例 3-2】** 字符串中字符与编码转换操作

被认为全球最公平的游戏之一"剪刀石头布"的字符在计算机中编码分别是 9996、9994、9995，代码如下：

```
chr(9996)

#输出 '✌'

chr(9994)

#输出 '✊'

chr(9995)

#输出 '✋'
```

## 3.4 字符串的处理方法

字符串在处理文本内容时候使用较频繁，其内置了多种方法，高效方便供人们使用。

【范例 3-3】 获取字符串具备的方法和属性

定义字符串 new_str = "hello python"，通过 python 内置函数 dir() 可查看类型所具备的方法和属性。

```
new_str = 'hello python'
dir(new_str)
['__add__', '__class__', '__contains__', '__delattr__', '__dir__', '__doc__', '__eq__', '__format__', '__ge__', '__getattribute__', '__getitem__', '__getnewargs__', '__gt__', '__hash__', '__init__', '__init_subclass__', '__iter__', '__le__', '__len__', '__lt__', '__mod__', '__mul__', '__ne__', '__new__', '__reduce__', '__reduce_ex__', '__repr__', '__rmod__', '__rmul__', '__setattr__', '__sizeof__', '__str__', '__subclasshook__', 'capitalize', 'casefold', 'center', 'count', 'encode', 'endswith', 'expandtabs', 'find', 'format', 'format_map', 'index', 'isalnum', 'isalpha', 'isdecimal', 'isdigit', 'isidentifier', 'islower', 'isnumeric', 'isprintable', 'isspace', 'istitle', 'isupper', 'join', 'ljust', 'lower', 'lstrip', 'maketrans', 'partition', 'replace', 'rfind', 'rindex', 'rjust', 'rpartition', 'rsplit', 'rstrip', 'split', 'splitlines', 'startswith', 'strip', 'swapcase', 'title', 'translate', 'upper', 'zfill']
```

### 1. 文本对齐方式

字符串可以实现左对齐、右对齐和居中对齐，默认是以空格填充，也可以指定特定的字符。字符串文本对齐方式处理方法见表 3-3。

表 3-3　字符串文本对齐方式处理方法

| 方　法 | 说　明 |
| --- | --- |
| string.ljust(width [, fillchar]) | 返回一个原字符串左对齐，并使用空格填充至长度为 width 的新字符串。fillchar 填充字符，默认为空格 |
| string.rjust(width [, fillchar]) | 返回一个原字符串，右对齐，并使用空格填充至长度为 width 的新字符串 |
| string.center(width [, fillchar]) | 返回一个原字符串，居中，并使用空格填充至长度为 width 的新字符串 |

【范例 3-4】 字符串文本位置对齐操作

下面的例子分别以空格填充和＃号填充，对字符串进行左对齐、右对齐和居中对齐。

```
str1="Python 编程语言 "
# 以空格填充
print(str1.ljust(20))  # 左对齐
print(str1.center(20)) # 居中对齐
print(str1.rjust(20))  # 右对齐
# 以 # 号填充
print(str1.ljust(20,'#'))  # 左对齐
print(str1.center(20,'#')) # 居中对齐
print(str1.rjust(20,'#'))  # 右对齐
```

结果如下：

```
Python 编程语言
    Python 编程语言
        Python 编程语言
Python 编程语言 #########
#####Python 编程语言 #####
##########Python 编程语言
```

 小提示

在 Python 中如果要对字符串生成报表打印格式，使用以上字符串文本对齐方式的操作会有很大的便利性，比如使用以下代码可生成漂亮的报表格式。

```
print(' 姓名 '.ljust(20),' 性别 '.ljust(20),' 学号 '.ljust(20))  # 左对齐
print(' 黄小江 '.ljust(20),' 男 '.ljust(20),'190101001'.ljust(20))  # 左对齐
```

输出报表格式为

| 姓名 | 性别 | 学号 |
|------|------|------|
| 黄小江 | 男 | 190101001 |

### 2. 大小写转换

字符串通过调用大小写转换方法，能够实现字符大写和小写之间的变换，可适应不同场景的应用，比如专有名词大写、特定商标等。字符串大小写转换处理方法见表 3-4。

表 3-4　字符串大小写转换处理方法

| 方　　法 | 说　　明 |
|---|---|
| string.capitalize() | 把字符串的第一个字母大写 |
| string.title() | 把字符串的每个单词首字母大写 |
| string.lower() | 转换 string 中所有大写字母为小写 |
| string.upper() | 转换 string 中的小写字母为大写 |
| string.swapcase() | 翻转 string 中的大小写 |

【范例 3-5】　字符串的大小写转换

下面的例子应用上面的函数进行演示。

```
str='welCOME to python.org'
print(str.capitalize())
print(str.title())
print(str.lower())
print(str.upper())
print(str.swapcase())
```

例如，string.title() 是它自己会找到每一个单词，再对单词进行首字母大写，结果如下：

```
Welcome to python.org
Welcome To Python.Org
welcome to python.org
WELCOME TO PYTHON.ORG
WELcome TO PYTHON.ORG
```

## 小提示

中国是瓷器的故乡，外国人更是将中国与瓷器共用一词——china。当首字母大写时，China 表示"中国"；当首字母小写时，china 表示"瓷器"。可通过字符串大小写转换方法实现此功能。

>>> txt_str = "china"

>>> txt_str. title ()

'China'

>>> txt_str. upper ()

'CHINA' # 全部大写也表示中国

### 3. 去除空白字符

字符串的定义相对灵活，对于包含空白字符的字符串可以调用去除空白字符的方法进行处理。字符串去除空白字符可用在用户输入数据处理方面，对肉眼看不见的空白字符进行过滤，保证数据的准确性。此方法主要是处理字符串两端的空白字符。字符串去除空白字符处理方法见表 3-5。

表 3-5　字符串去除空白字符处理方法

| 方　法 | 说　明 |
| --- | --- |
| string.lstrip() | 截掉 string 左边（开始）的空白字符 |
| string.rstrip() | 截掉 string 右边（末尾）的空白字符 |
| string.strip() | 截掉 string 左右两边的空白字符 |

【范例 3-6】　字符串中替换操作

总是会遇到一些"天马行空"的用户输入数据，它们可能有程序不需要的空白字符。在进行数据处理前需要对数据进行清洗工作，去除空白字符可以作为第一步的处理。

```
>>> data = input(" 输入数据：")
输入数据： hello world
>>> data
'  hello world  '
>>> data.lstrip() # 去除字符串左侧空白字符
'hello world  '
>>> data.rstrip() # 去除字符串右侧空白字符
'  hello world'
>>> data.strip() # 去除字符串两侧空白字符
'hello world'
```

## 小提示

　　string.strip() 可以去除字符串两端的空白字符，但是要留意如果字符串中间部分有空白字符，是不会移除的。因此，如果需要处理字符串中所有的空白字符，有哪些方法呢，可以思考一下。对于 strip 方法，自身可以带参数：string.strip（[chars]），用于移除字符串头尾指定的字符（chars）或字符序列，参数为空指默认为空格或换行符。

```
>>> txt_str = "123 北京欢迎您！ 321"
>>> txt_str. strip（" 欢迎 "）
'123 北京欢迎您！ 321'
>>> txt_str. strip（"123"） # 移除字符串头尾 "1" "2" "3"
' 北京欢迎您！ '
```

### 4. 查找与替换

　　字符串中查找和替换是常用的功能，通过查找和替换能够快速定位和更新数据，提高字符串处理效率。字符串查找与替换方法见表 3-6。

表3-6　字符串查找与替换方法

| 方　法 | 说　明 |
|---|---|
| string.startswith(str) | 检查字符串是否是以 str 开头，是则返回 True |
| string.endswith(str) | 检查字符串是否是以 str 结束，是则返回 True |
| string.find(str, start=0,end=len(string)) | 检测 str 是否包含在 string 中，如果 start 和 end 指定范围，则检查是否包含在指定范围内。如果是，则返回开始的索引值，否则返回 –1 |
| string.rfind(str, start=0,end=len(string)) | 类似于 find()，不过是从右边开始查找 |
| string.index(str, start=0,end=len(string)) | 跟 find() 方法类似，不过如果 str 不在 string 会报错 |
| string.rindex (str, start=0, end=len (string)) | 类似于 index()，不过是从右边开始 |
| string.replace(old_str, new_str, num= string. count(old)) | 把 string 中的 old_str 替换成 new_str，如果 num 指定，则替换不超过 num 次 |

【范例3-7】　字符串中查找与替换操作

　　诗词是中国传统文化中的一块瑰宝，其中的每个字都值得深入推敲。在杜牧《山行》这首诗中"白云深处有人家"改成了"白云生处有人家"，用"生"字意境更佳。下面用程序实现这样的修改。

```
>>> txt_str = " 白云深处有人家 "
>>> txt_str. startswith (" 白云 ")  #先检查是否以 " 白云 " 为开头
True'
>>> txt_str.find(" 深 ") #检测 " 深 " 字是否包含于字符串，并返回下标值
2
>>> txt_str.replace(" 深 "," 生 ") #将 " 深 " 替换为 " 生 "
' 白云生处有人家 '
```

小提示

　　查找与替换是字符串操作使用较频繁的方法，使用 string.find() 进行查找字符串，要注意如果查找的字符串不存在，则返回 –1，可以根据返回值进行判断；在进行替换操作时，string.replace() 执行完成后会返回一个新的字符串，而不会修改原始字符串。

```
>>> txt_str = " 众里寻他千摆渡，蓦然回首，那人却在，灯火阑珊处。"

>>> txt_str. replace（"摆渡"，"百度"）

"众里寻他千百度，蓦然回首，那人却在，灯火阑珊处。"

>>> txt_str

"众里寻他千摆渡，蓦然回首，那人却在，灯火阑珊处。" #字符串没有被修改
```

### 5. 类型判断

字符串通过自带方法进行类型判断，可根据返回值判断字符串是否包含数字或字符，一般可在程序控制流程中作为条件判断使用，如果字符串具备特定的性质，这些方法就返回 True，否则返回 False。字符串类型判断方法见表 3-7。

表 3-7 字符串类型判断方法

| 方 法 | 说 明 |
| --- | --- |
| string.isspace() | 如果 string 中只包含空格，则返回 True |
| string.isalnum() | 如果 string 至少有一个字符并且所有字符都是字母或数字则返回 True |
| string.isalpha() | 如果 string 至少有一个字符并且所有字符都是字母则返回 True |
| string.isdecimal() | 如果 string 只包含数字则返回 True，全角数字 |
| string.isdigit() | 如果 string 只包含数字则返回 True，全角数字、(1)、\u00b2 |
| string.isnumeric() | 如果 string 只包含数字则返回 True，全角数字、汉字数字 |
| string.istitle() | 如果 string 是标题化的（每个单词的首字母大写）则返回 True |
| string.islower() | 如果 string 中包含至少一个区分大小写的字符，并且所有这些（区分大小写的）字符都是小写，则返回 True |
| string.isupper() | 如果 string 中包含至少一个区分大小写的字符，并且所有这些（区分大小写的）字符都是大写，则返回 True |

【范例 3-8】 判断字符串类型操作 ▶

下面的例子应用上面的函数进行演示。

```
>>> txt_str = input（"请输入电话号码："）
请输入电话号码：123456
>>> txt_str.isdigit()
True
>>> txt_str.isalnum()
True
```

```
>>> txt_str.isalpha()
False
>>> txt_str.isdecimal()
True
```

 小提示

在 Python 中字符串类型判断是进行条件处理的依据，判断字符串是否满足特定的条件，多以 is 开头，可以通过类型的初步判断与其他方法的组合控制程序的流程。

### 6. 拆分与连接

字符串的拆分与连接是比较重要的方法，根据使用场景的不同，通过拆分与连接可以创建新的字符串对象来满足需要。字符串拆分与连接处理方法见表 3-8。

表 3-8　字符串拆分与连接处理方法

| 方　法 | 说　明 |
| --- | --- |
| string.partition(str) | 把字符串 string 分成一个 3 元素的元组（str 前面，str，str 后面） |
| string.rpartition(str) | 类似于 partition() 方法，不过是从右边开始查找 |
| string.split(str=" ", num) | 以 str 为分隔符拆分 string，如果 num 有指定值，则仅分隔 num + 1 个子字符串，str 默认包含 '\r'，'\t'，'\n' 和空格 |
| string.splitlines() | 按照行 ('\r'，'\n'，'\r\n'') 分隔，返回一个包含各行作为元素的列表 |
| string.join(seq) | 以 string 作为分隔符，将 seq 中所有的元素（用字符串表示）合并为一个新的字符串 |

【范例3-9】　字符串字符拆分与连接操作

四年一届的国际足联世界杯是全世界运动爱好者的盛宴，英文名称为"FIFA World Cup"，为表达对这项比赛的喜爱，希望在屏幕上输出"FIFA♥World♥Cup"，以下是实现方法：

```
>>> txt_str = "FIFA World Cup"
>>> split_str = txt_str.split()  # 使用 string.split() 方法将字符串进行拆分，默认使用空格作拆分符
>>>print(split_str)
['FIFA', 'World', 'Cup']  # 此处输出列表，可以先理解为一个容器，用于存储拆分后的字符串
>>> "♥".join(split_str)  # 使用红心作为连接字符，拼接成新的字符串
'FIFA♥World♥Cup'
```

## 小提示

　　字符串的拆分和连接经常组合使用，拆分 string.split 通过不同参数的传递，形成特定关键词的拆分，可以进行简单的分词处理，尤其在进行自然语言处理方面，分词是处理的基础，功能齐全的分词工具有 jieba、THULAC、PkuSeg 等。

```
>>> txt_str = "2020-10-10-20:30"  # 定义日期字符串
>>> txt_str. split ("-")
['2020', '10', '10', '20:30']  # 通过关键词 "-" 将字符串拆分成几部分，返回的结果存放在一个列表中。
```

## 3.5　字符串的转义字符

　　字符串的表示中，有一些字符与反斜杠 '\' 结合就具有不同的含义，比如打印换行符 \n 和回车符 \r，为了能够正确输出所需字符，这个时候就需要使用转义字符进行表示。常见字符串转义字符见表 3-9。

表 3-9　字符串转义字符

| 转义字符 | 描述 |
| --- | --- |
| \（在行尾时） | 续行符 |
| \\ | 反斜杠符号 |

（续）

| 转义字符 | 描述 |
|---|---|
| \' | 单引号 |
| \" | 双引号 |
| \a | 响铃 |
| \b | 退格（Backspace） |
| \e | 转义 |
| \000 | 空 |
| \n | 换行 |
| \v | 纵向制表符 |
| \t | 横向制表符 |
| \r | 回车 |
| \f | 换页 |

如果想在字符串中使用单引号，可以在字符串外面使用双引号表示，但如果字符串外面使用的也是单引号，那该如何书写呢？

```
>>>day = " it's a good day "   #定义 day，可正常输出
>>>day = ' it's a good day '   #编译器会提示错误 SyntaxError: invalid syntax
```

此时可使用转义字符 \，表示如下：

```
>>>day= ' it\'s a good day '
>>>print(day)
" it's a good day "
```

在进行字符串输出的时候，可能要处理多个转义字符问题，Python 提供 row 功能，即在字符串前面加上 r 引导，所有字符都按照其字面意义理解。

```
>>>day = r ' it\'s a good day '
>>>print(day)
" it\\'s a good day "
```

## 3.6 字符串的编码

计算机世界有多种语言，每种语言拥有自己的编码方式，就像不同国家都有自己的语言一样，如果想要顺畅交流，就需要有统一的交流语言。Python 语言的发展从 2.x 到 3.x，编码方式发生了很大变化，最开始的单字节 ASCII 到 Unicode 编码，现在使用的 Python 版本为 3.9 或者更高版本，文件默认编码是 UTF-8，字符串编码方式为 Unicode，能够实现支持全球所有语言，实现了统一编码方式，不用再进行额外的编码处理。但万一遇到字符编码不一致的情况，需要如何处理呢？

这个时候需要进行手动字符编码的转换，使用到 encode（编码）和 decode（解码）。

Unicode → encode 编码 → GBK / UTF-8。

UTF-8 → decode 解码 → Unicode。

1）编码 encode() 语法。

```
str.encode(encoding='UTF-8',errors='strict')
```

它的参数说明如下：

encoding：要使用的编码，如 UTF-8、base64 和 GBK 等。

errors：设置不同错误的处理方案。默认为 'strict', 意为编码错误引起一个 Unicode-Error。其他可能的值有 'ignore'、'replace'、'xmlcharrefreplace'、'backslashreplace' 以及通过 codecs.register_error() 注册的任何值。

2）解码 decode() 语法。

```
str.dncode(encoding='UTF-8',errors='strict')
```

它的参数说明与编码 encode() 语法类似。

【范例 3-10】 字符串编码和解码

下面的例子把字符串"Python 编程"进行 UTF-8 的编码和解码及 GBK 的编码和解码演示。

```
str = "Python 编程 ";      #定义一个字符串
str_utf8=str.encode("UTF-8")
str_gbk=str.encode("GBK")
```

```
print(" 默认字符串：",str)
print("UTF-8 编码：", str.encode("UTF-8"))      # 编码为 UTF-8
print("GBK 编码：", str.encode("GBK"))          # 编码为 GBK
print("UTF-8 解码：", str_utf8.decode('UTF-8', 'strict')) # 解码为 UTF-8
print("GBK 解码：", str_gbk.decode('GBK', 'strict'))      # 解码为 GBK
```

结果如下：

```
默认字符串：Python 编程
UTF-8 编码：b'Python\xe7\xbc\x96\xe7\xa8\x8b'
GBK 编码：b'Python\xb1\xe0\xb3\xcc'
UTF-8 解码：Python 编程
GBK 解码：Python 编程
```

## 3.7　字符串的格式化处理

字符串格式化是为了让字符输出有统一规范的格式，常用的格式化方式有 %‑formatting 和 str.format() 两种方式，在 Python 3.6 版本以后，字符串格式化新增 f-strings 方式，易读性和效率也更高。

### 1.%‑formatting 方式

百分号占位符（%-formatting）方式在 Python 2.x 中用得比较广泛，使用 % 进行占位要注意，当 % 的左右均为数字的时候，表示求余数的操作；但 % 出现在字符串中的时候，表示格式化操作符。字符串百分号格式化输出方法见表 3-10。

表 3-10　字符串百分号格式化输出方法

| 符号 | 描述 |
| --- | --- |
| %c | 格式化字符及其 ASCII 码 |
| %s | 格式化字符串 |
| %d | 格式化十进制整数 |
| %u | 格式化无符号整型 |
| %o | 格式化无符号八进制数 |
| %x | 格式化无符号十六进制数 |
| %X | 格式化无符号十六进制数（大写） |
| %f | 格式化浮点数字，可指定小数点后的精度 |
| %e | 用科学计数法格式化浮点数 |
| %E | 作用同 %e，用科学计数法格式化浮点数 |
| %% | 输出 % |

【范例 3-11】 字符串百分号格式化输出操作

使用 % 进行占位，按照参数位置进行数值传递。输出 " 你好，武汉 2020"。

```
>>>city = " 武汉 "
>>>year = 2020
>>>' 你好，%s %d ' % (city, year)
" 你好，武汉 2020"
```

格式化操作符辅助指令可以让字符串输出更精确。字符串格式化操作符辅助指令见表 3-11。

表 3-11　字符串格式化操作符辅助指令

| 符号 | 功　　能 |
| --- | --- |
| * | 定义宽度或者小数点精度 |
| – | 用做左对齐 |
| + | 在正数前面显示加号（+） |
| <sp> | 在正数前面显示空格 |
| # | 在八进制数前面显示零 ('0')，在十六进制前面显示 '0x' 或者 '0X'（取决于用的是 'x' 还是 'X'） |
| 0 | 显示的数字前面填充 '0' 而不是默认的空格 |

【范例 3-12】 字符串百分号格式化辅助输出操作

字符串使用 %–formatting 方式进行格式化时，通过不同的操作符辅助指令实现精确化输出。

```
>>>'%5.1f' % 123.456    # 宽度为 5 位，不足时用空格补充。右对齐。1f 表示保留
                          1 位小数。
'123.5'
>>>'%010d' % 123        # 宽度为 10 位，不足时用 0 补充。右对齐。
'0000000123'
```

**2.str.format() 方式**

str.format() 方式对 %– formatting 方式进行改进，统一使用大括号 {} 进行标记替换字

段，采用函数调用的语法，通过位置参数和关键字参数进行格式化输出。

（1）通过位置映射

根据参数位置进行默认匹配，format() 参数中参数的位置从 0 开始。

```
>>>"{} {}".format("hello", "world")   # 不设置指定位置，按默认顺序
'hello world'
>>> "{0} {1}".format("hello", "world") # 设置指定位置
'hello world'
>>> "{1} {0} {1}".format("hello", "world") # 设置指定位置
'world hello world'
```

（2）通过关键字映射

为了使参数更加明确清晰，可通过设置标签表示不同的参数，即设置关键字参数。参数的传递通过寻找相同的标签名称即可。

```
>>> "我的名字叫 {name}，今年 {age}, 我学 {code}".format(name=" 小明 ",age=18,
code="python")
  '我的名字叫小明，今年 18, 我学 python'
```

（3）混合位置参数和关键字方式

可以将上述两种方式进行综合使用，但是要特别注意位置参数必须在关键字参数之前，否则就会报错。

```
>>> "我的名字叫 {}，今年 {age}, 我学 {code}".format(" 小明 ",age=18, code="python")
  '我的名字叫小明，今年 18, 我学 python'
```

### 3.f-strings 方式

f-strings 是 Python 3.6 开始加入标准库的格式化输出新的写法，被称为"格式化字符串文字"，是指以 f 或 F 开头的字符串，其中用包含表达式的大括号表示替换字段。语法与 str.format() 使用的语法类似，但写法更简单易读。

```
>>> name = "小明"
>>>age = 18
```

```
>>>phone = "Huawei"
>>>f' 我的名字叫 {name}，今年 {age}',我使用 {phone.upper()} 手机
" 我的名字叫小明，今年 18，我使用 Huawei 手机 "
```

## 案例 1——药品电子监管码的识别

**案例描述**

新冠肺炎疫情爆发以来，疫苗成为大众关注的焦点问题，为保证疫苗使用安全，上海率先推出"五码联动"（追溯码、产品编码、冷链设备编码、接种儿童代码、接种医生代码），全面保证疫苗生产使用的清晰流程，疫苗从出厂到供应链到市内冷链储运、医疗机构的保管以及最终的接种服务，每一个点都是可追溯的。

随着网络与信息技术的发展，药品电子监管技术被应用到药品生产及流通的各个环节，药品最小包装上面附上一个电子监管码，相当于给药品一个合格的电子身份证，让药品不管走到哪里都能被实时监控，未使用电子监管码的药品，一律不得销售。

中国药品电子监管码是 20 位的一维条码，其中前 7 位包含了药品名称、生产企业、规格、批准文号等基本信息，可用于物流、零售结算；8~16 位是单件产品序列号，最后 4 位是校验位，格式如图 3-3 所示。

中国药品电子监管码

81234 56123 45678 91234

图 3-3 中国药品电子监管码图示

本案例是根据电子监管码的特点，提取不同药品的信息。

**案例分析**

根据电子监管码不同位数表示内容的不同，可将案例实现分解如下：

1）接收用户输入的电子监管码。

2）提取电子监管码的索引为 0~6 的数字，为药品基本信息码。

3）提取电子监管码的索引为 7~15 的数字，为药品产品序列号。

4）提取电子监管码的索引为 16~19 的数字，为药品校验位。

5）格式化输出"药品基本信息码为：XX；药品产品序列号为：XX；药品校验位为：XX"，XX 分别为步骤 2）~4）提取的信息。

**实施步骤**

在 PyCharm 软件中新建 Python 文件"药品电子监管码识别 .py"，编写代码。参考代码如下：

```python
elec_code = input(' 请输入电子监管码：')
basic_info = elec_code[:7]
num_info = elec_code[7:16]
spec_info = elec_code[16:]
print(" 药品基本信息码为：{}；药品产品序列号为：{}；药品校验位为：{}".format(basic_info,num_info,spec_info))
```

**调试结果**

使用 PyCharm 在代码编辑区按 <Shift+F10> 组合键或者右键直接选择"运行"命令即可调试，效果如图 3-4 所示。

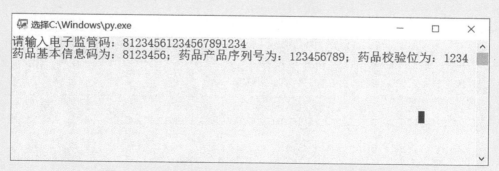

图 3-4　"中国药品电子监管码识别"调用程序界面

## 试一试

1）用户输入数据，如何判定输入的数据为数字呢？

2）20位数据查看起来不是很直观，如何通过"–"符号将药品基本信息码、药品产品序列号和药品校验位连接起来，效果为"药品基本信息码–药品产品系列号–药品校验位"。

## 案例2——个人名片生成器

**案例描述**

个人名片是个人信息有效传递的工具，一张设计精美的名片能够快速进行个人展示。通过名片可以了解到个人基本信息、联系方式以及一些其他信息。本案例设计一款名片生成器，可以根据用户输入数据快速生成个人名片。

提示：字符与 ASCII 码对应表见表 3-12。

表 3-12　字符与 ASCII 码对应表

| 名称 | ASCII 码 | 字符 |
| --- | --- | --- |
| 电话 | 9742 | ☎ |
| 邮件 | 9993 | ✉ |
| 房子 | 9962 | 🏠 |
| 足球 | 9917 | ⚽ |
| 雪人 | 9924 | ⛄ |
| 星星 | 10026 | ✪ |

案例实现：

1）接收用户个人信息输入。

2）生成个人名片框架及图标。

3）填充个人用户数据。

4）格式化输出个性化名片。

在 PyCharm 软件中新建 Python 文件"个人名片生成器 .py"，编写代码。参考代码如下：

```
# 根据用户输入信息，自动生成个人名片

Name = input(" 请输入姓名：")
Job = input(" 请输入职位：")
Phone = input(" 请输入联系方式：")
Mail = input(" 请输入邮箱：")
Addr = input(" 请输入公司地址：")


print("*"*50)
print("{} 姓名：{}".format(chr(9924), Name))
print("{} 职位：{}".format(chr(10026), Job))
print("{} 联系方式：{}".format(chr(9742), Phone))
print("{}: 邮箱：{}".format(chr(9993), Mail))
print("{}: 公司地址：{}".format(chr(9962), Addr))
print("*"*50)
```

使用 PyCharm 在代码编辑区按 <Shift+F10> 组合键或者右键直接选择"运行"命令即可调试，效果如图 3-5 所示。

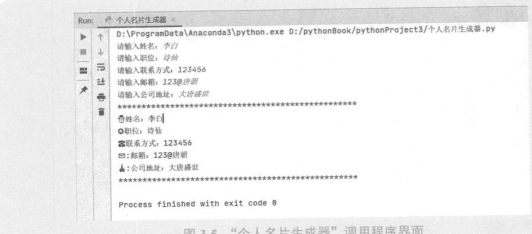

图 3-5 "个人名片生成器"调用程序界面

1）名片样式中分割线是重要的存在，尝试使用不同的符号表示分割。

2）名片内容根据用户键盘输入决定，尝试丰富名片内容，添加更多个人或企业信息，比如添加个人微信号、QQ号等。

## 本章小结

本章主要学习 Python 程序设计中字符串的相关概念和使用方法，包含字符串的定义、字符串的编码、字符串取值与切片操作、字符串函数及方法的使用以及三种字符串格式化输出。通过本章的学习，基本可以掌握字符串的使用方法，为后续编写程序做好积累。

## 习 题

### 一、单项选择题

1）以下说法错误的是（　　　）。

A. 字符串中第一个元素的偏移为 0　　B. 字符串中最后一个元素的偏移为 –1

C. str[1] 获取第一个元素　　　　　　D. str[–2] 获取倒数第二个元素

2）name= '20 计算机应用张三 ' 取专业和姓名，即 0 后面的所有值是（    ）。

A. name[2:]    B. name[2:9]

C. name[2:8]    D. name[−7:]

3）已知 a= ' 职业学校 '，查看 a 的数据类型并输出的代码正确的是（    ）。

A. print(type(a))    B. print(type(a))

C. input(type(a))    D. print(a.type)

4）已知 r=2，s=3.14*r**2，以下能输出 " 半径为 2 的面积为 12.56" 的是（    ）。
（多选题）

A. print(' 半径为 r 的圆的面积为 s')

B. print(' 半径为 ',r,' 的圆的面积为 ',s)

C. print(' 半径为 {} 的圆的面积为 {}'.format(r,s))

D. print(f' 半径为 {r} 的圆的面积为 {s}')

E. print(' 半径为 %.2f 的圆的面积为 %.2f'%(r,s))

F. print(' 半径为 '+str(r)+' 的圆的面积为 '+str(s))

G. print(' 半径为 '+r+' 的圆的面积为 '+s)

5）已知 string = "Python is good"，执行代码：string[20]，结果为（    ）。

A. 报错    B. "Python is good"    C. "d"    D. False

二、操作题

代码实现：有如下变量 name = " hi hellowirld "，请按要求实现以下功能：

1）移除 name 变量对应值的两边的空格，并输出移除后的内容。

2）判断 name 变量对应的值是否以 "hi" 开头，并输出结果。

3）将 name 变量对应的值中的 "i" 替换为 "o"，并输出结果。

4）判断 name 变量对应的值是否以 "d" 开头，并输出结果。

5）将 name 变量对应的值根据 "o" 分割，并输出结果。

# Chapter 4

# 第4章
# 程序控制结构

在现实生活中，经常要做判断，比如过马路要看红绿灯，如果是绿灯才能过马路，否则要停止等待。这里的判断指的是只有满足某些条件才允许做某件事情，不满足条件时是不允许的。再比如红绿灯交替变化就是一个循环往复的过程，只要设备不出现故障，系统就会按照固定周期一直发挥作用。

其实，不仅生活中需要判断和循环，在程序开发中也经常会用到。例如，计算机开机后画面一直存在，当用户登录系统时，只有用户名和密码全部正确才被允许登录。下面就一起学习 if 选择结构、for 循环、while 循环等程序控制结构。

## 学习目标

1）了解 Python 分支结构的形式。

2）掌握 Python 单分支、双分支、多分支结构的语法。

3）掌握 Python 判断语句的使用。

4）结合循环语句解决相关任务。

5）培养规范化、标准化的代码编写习惯。

6）学习结构化程序设计思想，面对复杂问题，能够化繁为简，设计出思路清晰、逻辑严谨的程序。

**思维导图**

思维导图如图 4-1 所示。

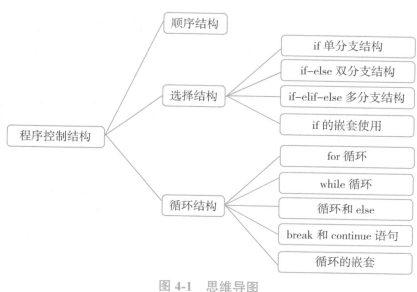

图 4-1 思维导图

## 4.1 顺序结构

程序语言在执行时，一共有三种结构：

1）顺序结构：语句顺序执行。

2）选择结构：到某个节点后，根据条件选择相应语句或语句块执行。

3）循环结构：根据判断条件，循环执行相应语句或语句块。

顺序结构顾名思义是代码由上至下执行，没有分支也没有循环。在第 1 章至第 3 章写的大部分范例都是属于顺序结构。它的流程图如图 4-2 所示。

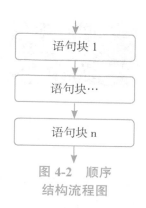

图 4-2 顺序结构流程图

## 4.2 选择结构

选择结构也叫分支结构，可以根据条件来控制代码的执行分支。Python 中使用 if 语句来实现分支结构。

分支结构包含多种形式：单分支、双分支和多分支。

**1.if 单分支结构**

if 语句单分支结构的语法形式如下：

```
if（条件表达式）:
    语句 / 语句块
```

1）条件表达式可以是关系表达式、逻辑表达式、算术表达式等。

2）语句 / 语句块可以是单个语句，也可以是多个语句，多个语句的缩进必须对齐一致。

当条件表达式的值为真（True）时，执行 if 后的语句，否则不做任何操作，控制将转到 if 语句的结束点。其流程图如图 4-3 所示。

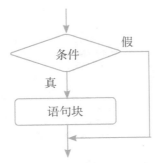

图 4-3　if 单分支结构流程图

为了帮助大家更好地理解 if 语句的使用，接下来通过案例来演示，具体如下。

**【范例 4-1】** 使用单分支结构判断是否成年
if 语句

由用户输入一个数，使用 if 判断 age 是否大于等于 18，满足条件，打印"我已经成年"。

```python
age =int(input(' 输入你的年龄: '))
print('----if 判断 ---')
if age >= 18:
    print(' 我已经成年 ')
```

测试结果如下：

```
输入你的年龄: 28
---if 判断 ---
我已经成年
```

1）每个 if 条件后要使用冒号 (:)，表示接下来是满足条件后要执行的语句。

2）使用缩进来划分语句块，相同缩进数的语句在一起组成一个语句块。

3）在 C 语言或者 Java 语言中往往会有 switch-case 条件语句，但是在 Python 中没有 switch-case 语句。

4）代码中的 input() 函数用来获取用户输入的字符。int() 函数把字符转换为整数格式。

### 2.if-else 双分支结构

范例 4-1 的语句如果输入小于 18 的数字，则不会有文字提示。这应该使用其他方法来修正这个问题，比如使用 if-else 语句。if 语句双分支结构的语法形式如下：

```
if( 条件表达式 ):
    语句 / 语句块 1
else:
    语句 / 语句块 2
```

当条件表达式的值为真（True），即满足条件时，执行 if 后的语句，否则执行 else 后面的语句，其流程图如图 4-4 所示。

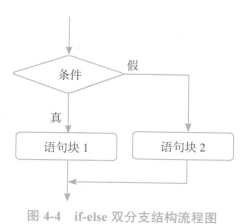

图 4-4　if-else 双分支结构流程图

【范例 4-2】　使用双分支结构判断买票上车
if-else 语句

ticket 初始化赋值 "有票"，通过 if 判断是否满足条件，若不满足条件通过 else 来打印 "没有车票，不能上车"，若满足条件则打印 "有车票，可以上车"。

```
ticket = ' 有票 '        # 使用 1 个 "=" 进行赋值
if ticket == ' 有票 ': # 使用 2 个 "=" 进行判断
    print(' 有车票，可以上车 ')
else:
    print(' 没有车票，不能上车 ')
```

测试结果如下：

```
有车票，可以上车
```

### 3. if-elif-else 多分支结构

大家试想一下，如果需要判断的情况大于两种，if 和 if-else 语句显然是无法完成判断的。这时，出现了多分支结构，即 if-elif 判断语句，该语句可以判断多种情况，其语法格式如下：

```
if( 条件表达式 1):
    语句 / 语句块 1
elif( 条件表达式 2):
    语句 / 语句块 2
elif( 条件表达式 3):
    语句 / 语句块 3
...
elif( 条件表达式 n):
    语句 / 语句块 n
[else:
    语句 / 语句块 n+1]
```

关于上述格式的相关说明如下：

1）当满足判断条件 1 时，执行语句 1，然后整个 if 结束；

2）如果不满足判断条件 1，那么判断是否满足条件 2，如果满足执行语句 2，然后整个 if 结束；

3）当不满足判断条件 1 和条件 2 时，继续判断是否满足条件 3，如果满足，则执行语句 3，然后整个 if 结束。

综上所述，多分支结构 if 语句的作用就是根据不同条件表达式的值确定执行相应的语句（块），其流程图如图 4-5 所示。

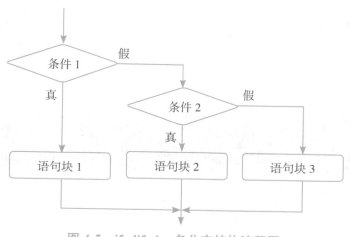

图 4-5　if-elif-else 多分支结构流程图

**【范例 4-3】** 使用多分支结构进行成绩等级划分 if-elif 语句

用户输入考试分数后，程序实现成绩等级的评定。

```python
score = int(input(' 请输入分数：'))
if score >= 90:
    print(' 本次考试，成绩优！')
elif score >= 80:
    print(' 本次考试，成绩良！')
elif score >= 70:
    print(' 本次考试，成绩中！')
elif score >= 60:
    print(' 本次考试，成绩及格！')
else:
    print(' 本次考试，成绩不及格！')
```

输入不同的数字，它的结果会根据相应的条件来给出判断。它的调试结果如下：

请输入分数：90

本次考试，成绩优！

请输入分数：58

本次考试，成绩不及格！

## 小提示

1）elif 必须和 if 一起使用，否则程序会出错。

2）对成绩的等级判断一般有两种方法，一是从高到低的分数依次判断，比如从 90、80、70、60 等；二是从低到高的分数依次判断，比如从 60、70、80、90 等。不建议使用无顺序的分数进行判断，比如 90、60、80、70 等，它的逻辑会显得混乱。

**【范例 4-4】** 使用多分支结构判断是否闰年 if-elif 语句

输入一个年份数字，判断这个年份是否公历闰年。公历闰年的计算方法：普通年能被 4 整除且不能被 100 整除的为闰年（如 2004 年就是闰年，1900 年不是闰年）。世纪年能被 400 整除的是闰年（如 2000 年是闰年，1900 年不是闰年）。

```python
years = int(input(" 请输入查询的年份: "))
if (years % 4 == 0 and years % 100 != 0) :
    print(years, " 是闰年 ")
elif (years % 400 == 0):
    print(years, " 是闰年 ")
else:
    print(years, " 不是闰年 ")
```

输入不同的数字，它的调试结果如下：

请输入查询的年份：2010

2010 不是闰年

请输入查询的年份：2004

2004 是闰年

 **小提示**

1）代码"years % 4 == 0"中的%表示求模运算，也就是计算除法的余数，比如5%2就得到1，2004%4就得到0。

2）代码"!="表示逻辑判断的不等于。

### 4.if 的嵌套使用

在 if 或者 if-else 语句中又包含一个或者多个 if 或者 if-else 语句，这种结构称为 if 嵌套。一般形式如下：

```
if( 条件表达式 1):
    if( 条件表达式 2):
        语句 2-1
    else:
        语句 2-2
else:
    if( 条件表达式 3):
        语句 3-1
    else:
        语句 3-2
```

下面通过一个模拟乘客坐火车过程的案例来帮助读者理解 if 嵌套。

【范例 4-5】 使用 If 嵌套判断乘客坐火车的验票和安检工作

众所周知，乘客进站前需要先验票，再通过安检，最后才能上车。在程序中，后面的判断条件是在前面的判断成立的基础上进行的，代码如下：

```
ticket = int(input(' 是否有票？请输入 1（表示有）或者 0（表示无）：'))
knife = int(input(' 是否携带刀具？请输入 1（表示有）或者 0（表示无）：'))
if ticket == 1:
    print(' 有车票，请安检！')
    if knife == 1:
        print(' 有车票，但携带刀具，未通过安检，不能进站！')
    else:
        print(' 有车票，没携带刀具，通过安检，可以进站！')
else:
    print(' 无票，不能进站！')
```

它的调试结果如下：

```
是否有票？请输入 1（表示有）或者 0（表示无）：1
是否携带刀具？请输入 1（表示有）或者 0（表示无）：0
有车票，请安检！
有车票，没携带刀具，通过安检，可以进站！
```

也可以输入其他数字，看看它的其他判断情况。在嵌套代码书写时，需要严格按照代码缩进的要求，要把代码对齐，否则很容易出现错误。

# 阅读角

### 程序流程图及其符号的含义

俗话说，"有图有真相"，使用流程图表示程序运行的具体步骤是一种非常好的方法。因为程序中往往包含较多的循环语句和转移语句，程序的结构比较复杂，给程序设计与阅读造成困难。程序流程图用图的形式画出程序流向，是算法的一种图形化表示方法，具有直观、清晰、更易理解的特点。程序流程图是在处理流程图的基础上，通过对输入输出数据和处理过程的详细分析，将计算机的主要运行步骤和内容标识出来。

程序流程图由开始与结束、处理进程、判断、流程线和输入／输出等构成，并结合相应的算法，构成整个程序流程图。处理进程具有处理功能；判断（菱形框）具有条件判断功能，有一个入口，二个出口；开始与结束表示程序的开始或结束；流程线表示流程的路径和方向；输入／输出表示数据的输入和输出。流程图常用符号含义见表4-1。

表4-1 流程图常用符号含义

| 符号 | 名称 | 含义 |
|---|---|---|
| | 开始与结束 | 标准流程的开始与结束，每一个流程图只有一个起点 |
| | 处理进程 | 要执行的处理 |
| | 判断 | 决策或者判断 |
| →| 流程线 | 表示执行的方向与顺序 |
| | 输入／输出 | 表示数据的输入和输出 |

大多数复杂的算法都可以由顺序结构、选择（分支）结构和循环结构这三种基本结构组成，因此，构造一个算法的时候，也仅以这三种基本结构作为"建筑单元"，遵守三种基本结构的规范，基本结构之间可以并列、可以相互包含，但不允许交叉，不允许从一个结构直接转到另一个结构的内部去。正因为整个算法都是由三种基本结构组成的，就像用模块构建的一样，所以结构清晰，易于验证正确性，易于纠错，这种方法就是结构化方法。遵循这种方法的程序设计，就是结构化程序设计。相应地，只要规定好三种基本结构的流程图的画法，就可以画出大多数算法的流程图。

绘制程序流程图可以使用 Microsoft Word 软件辅助绘制，但是使用 Microsoft Visio、Process on、Diagram Designer 和 EDraw Max 等专业软件辅助绘制会更加高效。

## 4.3 循环结构

### 1. for 循环

在 Python 中，for 循环可以遍历任何序列，比如列表、字符串，关于这两种数据类型，后续有详细的介绍。for 循环的基本格式如下：

```
for 变量 in 序列：
    循环语句
```

假设有一个列表 [0,1,2], 使用 for 循环对其遍历，示例代码如下：

```
for i in [0,1,2]:
    print(i)  # 它的结果会显示 3 行，分别是数字 0、1、2
```

它的流程图如图 4-6 所示。

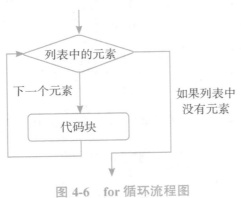

图 4-6　**for 循环流程图**

Python 提供了一个内置 range 函数，它可以生成一个指定范围的数字序列。它的格式如下：

```
range(start, stop[, step])
```

参数说明：

1）start：计数从 start 开始。默认是从 0 开始。如 range（5）等价于 range（0，5）。

2）stop：计数到 stop 结束，但不包括 stop。如 range（0，5）是 [0，1，2，3，4] 没有 5。

3）step：步长，默认为 1。如 range（0，5）等价于 range(0，5，1) 结果为 [0，1，2，3，4]。range(0，5，2) 步长是 2，则它的结果为 [0，2，4]。

下面以一个简单的范例说明。

【范例 4-6】　range 函数在 for 循环中的用法

利用 for 循环求 1~100 中所有奇数的和。如果一个数除以 2 的余数不是 0，则为奇数。可以利用这一个计算技巧来完成，如下：

```
sum_odd = 0  # 初始化和的变量，为 0
for i in range(1,101):
    if i % 2 != 0:  # 如果除以 2 的余数不是 0，则为奇数
        sum_odd = sum_odd + i
print('1~100 中所有奇数的和：%d'%sum_odd)
```

它的结果如下：

1~100 中所有奇数的和：2500

通过循环，计算机会把每一次计算的和存入到 sum_odd 中，然后进入下一次的循环，再累计新的和，存入到 sum_odd 中。

小提示

代码 "sum_odd = sum_odd +i" 与 "sum_odd += i" 的结果是一样的。符号 "+=" 是变量 "自加" 运算操作的简便写法。

### 2.while 循环

与 for 循环类似，while 循环也是一个预测式的循环，但是 while 在循环开始前并不知道重复执行语句的次数，需要根据不同条件执行循环语句（块）零次或多次。while 循环语句的格式为：

while 条件表达式：
　　循环语句（块）

while 循环流程图如图 4-7 所示。请注意 for 循环的起始条件是列表的元素，而 while 循环的条件是条件表达式。在 for 循环语句中不需要指定循环结束的条件，它会自动判断列表的元素数量。while 循环必须指定循环结束的条件，否则就会无限循环下去。这

是两者的一个重要区别。

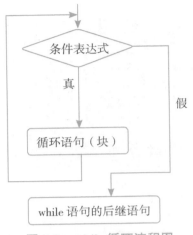

图 4-7    while 循环流程图

【范例 4-7】    使用 while 循环读取数字

看下面的例子，程序循环 5 次，每次输入一个数字，然后打印出来。

注意：

```
var = 1 # 变量初始为 1
while var <= 5:
    number = int(input(' 第 %s 次，输入一个数字：'%(var)))
    print(' 你输入的数字是：%d'%number)
    var = var + 1 # 变量递增，每次增加 1
```

它的结果如下：

```
第 1 次，输入一个数字：90
你输入的数字是：90
第 2 次，输入一个数字：40
你输入的数字是：40
第 3 次，输入一个数字：35
你输入的数字是：35
第 4 次，输入一个数字：10
你输入的数字是：10
```

第 5 次，输入一个数字：70

你输入的数字是：70

　　如果希望循环是无限的，可以通过设置 while 后面的条件表达式为 True 来实现。本范例中 var = var + 1 把变量每次都增加 1，因此可以达到循环停止的条件 var <= 5，循环不会进入"死循环"。

　　在某些情况下，无限循环会变成死循环。死循环通常指的是意料之外的无限循环。大多数时候，无限循环是无用的或者是有害的，它会导致程序一直循环，特点是占满 CPU 或者内存，从而系统被拖慢或者崩溃。有时候无限循环在服务器上客户端的实时请求非常有用，比如所有的应用系统都需要设置一个无限循环来保证系统的正常运行。

## 小提示

　　% 占位操作符是 Python 字符串格式化的一种方法。%s 表示字符串（采用 str() 的显示），%d 表示十进制整数。

### 3. 循环和 else

　　前面学习 if 语句的时候，会在 if 条件语句的范围之外发现 else 语句。其实，除了判断语句，Python 中的 while 和 for 循环中也可以使用 else 语句。在 Python 中，while … else 在循环条件为 false 时执行 else 语句块。

【范例4-8】　验证 break 与 else 执行的关系

　　下面的范例中并没有 if 语句，这一个 else 是与 while 一起使用的。表示当循环条件为 false 时执行 else 语句块。变量初始为 count = 11，但是条件判断时是使得 count < 3，所以它永远达不到这个条件，因此执行 else 后的代码。

```
count = 11
while count < 3:
    print (count, " 小于 5")
```

```
    count = count + 1
else:
    print (count, " 大于或等于 5")
```

它的结果如下：

```
3 大于或等于 5
```

请对比下面的代码。这里的 else 是与 if 联合使用的，这个 else 并不是 while 中的联合结构。

```
count = 11
while count < 3:
    print (count, " 小于 5")
    count = count + 1
    if count==2:
        print(count, " 等于 2")
    else:
        print (count, " 大于或等于 5")
```

以上代码中，因为 count = 11 而条件为 count < 3，所以程序运行结果是没有任何信息输出。显然这种情况会让用户看不到结果或者提示，从而产生疑问。因此在一些特定的情况下，使用 while … else 可以实现更多的功能。

**4. break 和 continue 语句**

1）break 语句用于退出 for、while 循环。break 语句用来终止循环语句，即循环条件没有 False 条件或者序列还没被完全递归完，也会停止执行循环语句。它的流程图如图 4-8 所示。

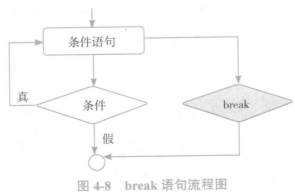

图 4-8　break 语句流程图

例如，下面是一个普通的循环：

```
for i in range(5):
    print('python 语言 ')
    print(i)
```

上述循环语句执行后，程序会依次输出 5 行"python 语言"和 0、1、2、3、4 共 5 行数字，如果希望程序只输出 0~2 的数字，则需要在指定时刻（执行完第 3 次循环语句）结束循环。接下来，演示使用 break 结束循环的过程。

**【范例 4-9】** break 语句用法

```
for i in range(5):
    print('python 语言 ')
    if i == 3:
        break  #提前结束循环，跳出循环
    print(i)  #打印变量 i 的值
```

在 for 循环中控制程序原本要执行 5 次循环，由于使用 if 语句进行判断，当 i 的值为 3 时，循环结束，程序共执行 3 次循环。它的结果如下：

```
python 语言
0
python 语言
1
python 语言
2
python 语言
```

2）continue 的作用是用来结束本次循环，紧接着执行下一次循环。它的流程图如图 4-9 所示。

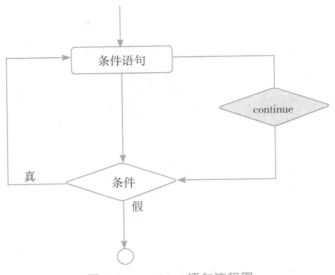

图 4-9　**continue** 语句流程图

【范例 4-10】　continue 语句用法

下面看一个例子。

```
for letter in 'leDtDter':
    if letter == 'D':
        continue
    print(' 当前字符是: %s'%letter)
```

　　程序开始，for 循环遍历字符串，当变量 letter 取值 "D" 时，执行 continue 语句，终止本次循环，接着执行下一次循环。因此字母 "D" 没有打印出来，因为它继续回到循环的开始位置了，并没有执行 "print(' 当前字符是: %s'%letter)" 这一句代码。它的结果如下：

```
当前字符是: l
当前字符是: e
当前字符是: t
当前字符是: t
当前字符是: e
当前字符是: r
```

## 小提示

它们的共同点：continue 语句和 break 语句都可以用在 while 和 for 循环中。

它们的不同点：

1）continue 语句跳出本次循环，而 break 语句跳出整个循环。

2）continue 语句用来告诉 Python 跳过当前循环的剩余语句，然后继续进行下一轮循环。

3）break 语句用来终止循环语句，即循环条件没有 False 条件或者序列还没被完全递归完，也会停止执行循环语句。

### 5. 循环的嵌套

在一个循环体内又包含另一个完整的循环结构，称为循环的嵌套。比如 while 里面还包含 while 或者 for, for 里面还包含 for 或者 while。当外层循环执行第一遍时，内层循环需要全部执行完方可执行外层循环第二遍。它的流程图如图 4-10 所示。

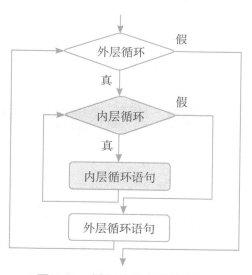

图 4-10　循环的嵌套的流程图

【范例 4-11】　使用 while 嵌套循环语句打印三角形

以下范例打印了 5 行字符 "*"，每一行的字符量递增 1，因此打印了一个直角三角形出来。

```
i = 1
while i <= 5:
    j = 1
    while j <= i:          # 内循环第 1 行
        print('*',end='')  # 内循环第 2 行
        j = j + 1          # 内循环第 3 行
    print() # 换行
    i = i + 1
```

第一个 while 循环中的条件"i <= 5"表示打印 5 行。第二个 while 循环中的条件"j <= i"表示依次递增同一行的数量。它的结果如下：

```
*
**
***
****
*****
```

以上的循环嵌套可以使用 for 来全部完成，也可以混合使用 for 和 while 来完成。

## 案例 1——猜心游戏程序

**案例描述**

有的同学看完电视剧《读心专家》，可能也想拥有神奇的读心术。下面编写一个猜心游戏，在游戏中，老师心里会想一个数字，同学们一共有 3 次尝试机会，无论猜大猜小，程序都会提示，猜对了会有奖励。

1）随机生成一个数字。

2）"尝试机会"可以用循环结构完成。

3）在猜数过程中，会出现"猜对、猜大和猜小"三种可能，每次比较大小的过程需要用到条件判断，这里采用多分支结构去完成。

它主要用的技术要点：while 循环实现猜数字次数，整型数据类型 int() 的使用，if–elif–else 的使用。

新建 Python 文件"MindGames.py"，导入 random 模块，使用方法 randint()，在 1~10 范围内随机产生一个数字。

```
import random
#1. 在 1~10 内随机产生一个数字
secret = random.randint(1,10)
chance = 1


#2. 输入学生猜的数字
temp = input(" 第 %d 次猜老师心里想的是哪个数字："%chance)
guess = int(temp)    # 对字符串做整型数据处理


#3. 设定循环次数
while chance <= 4:
    chance = chance + 1


#4. 猜对结果，游戏结束
    if guess == secret:
        print(" 哇塞，你猜对了。奖励 100 分！ ")
        break
#5. 猜错，根据数字大小给出相应的提示
    elif guess > secret:
```

```
        print("sorry，大了大了 ~~~")
        temp = input(" 请第 %d 次猜：" %chance)
        guess = int(temp)
    else:
        print(" 嘿，小了，小了 ~~~")
        temp = input(" 请第 %d 次猜：" %chance)
        guess = int(temp)
```

在 while 循环内，当满足 guess 等于 secret 时，打印结果，并执行 break 语句，结束循环；当不满足 guess 等于 secret 时，如果满足 guess 大于 secret 时，则执行相关代码，即提示玩家信息，并重新猜数字；当既不满足 guess 等于 secret，也不满足 guess 大于 secret 时，默认执行 else 后面的代码。

**调试结果**

结果如图 4-11 所示，用户共有 3 次机会猜结果，每次猜完都会有相应提示。

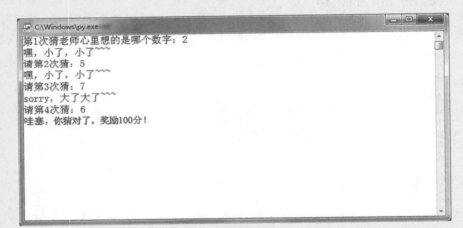

图 4-11　猜心游戏运行结果

## 试一试

1）猜心次数如何更改？

2）break发挥的作用是什么？如果换成continue语句可以吗？请试一试。

## 案例 2——判断网络系统的密码强度

### 案例描述

俗话说"道路千万条，安全第一条"，在互联网领域，同样如此。要紧抓网络安全这根绳，增强防范意识，对于用户来说，日常的上网经常伴随着账户密码的使用，所以密码的安全至关重要。怎么判断什么是弱密码、强密码呢？通过下面的案例一起来检查密码强度吧！

用户输入一个字符串作为密码，判断密码强度。规则为：密码长度小于 8 为弱密码；密码长度大于等于 8 且包含至少 2 种字符为中等强度；密码包含 3 种字符为强、包含 4 种字符为最强。

### 案例分析

1）字符包含大写字母、小写字母、特殊符号如"！"和数字 4 种类型，所以程序中要分别设置计数器，用来统计上述字符是否出现。

2）进行密码强弱等级的判断。

3）应用字符串相关知识。

它主要用到的技术要点：string 模块常用方法（所有大小写字母、数字、标点符号）使用，ascii_lowercase、ascii_uppercase、digits、punctuation 和 for 循环遍历字符串。

### 实施步骤

新建 Python 文件 "PasswordDetection.py"，导入 string 模块，用户输入密码。初始化四种字符计数器值为 0，当程序判断密码中出现相关字符时，如大小写字母、数字等，各自计数器的值设置为 1。

```
import string
password=input(" 请输入密码：")
```

```
#1. 初始化大小写字母、数字和符号的计数器值为 0
dig=0     # 数字计数器
```

```
lCase=0   # 小写字母计数器
hCase=0   # 大写字母计数器
punnctuation=0  # 特殊符号计数器
```

```
#2. 判断密码长度是否小于等于 8
if len(password)<=8:
    print(" 密码强度弱 ")
else :
```

```
#3. 遍历密码，提取每一个字符作判断
    for ch in password:
        if ch in string.digits:  # digits 方法的作用是生成数组，包括 0~9
            dig=1
        elif ch in string.ascii_lowercase: # 如果小写
            lCase=1
        elif ch in string.ascii_uppercase:  # 如果大写
            hCase=1
        elif ch in string.punctuation: # 如果特殊符号
            punnctuation=1
```

```
#4. 根据各个计数器相加和判断密码强度
    if dig+lCase+hCase+punnctuation == 2:
        print(" 密码强度中 ")
    elif dig+lCase+hCase+punnctuation == 3:
        print(" 密码强度强 ")
    elif dig+lCase+hCase+punnctuation == 4:
        print(" 密码强度最强 ")
```

程序中使用 for 循环遍历 password，把每一个字符取出来。程序采用 if 嵌套多分支结构实现判断，最后输出结果。

调试结果

从程序运行结果可以看到，当密码由大小写字母、特殊符号加数字一共 4 种字符组成时，程序判定密码强度为最强，结果如图 4-12 所示。

图 4-12 程序运行结果

## 试一试

1）如何限制密码的输入次数？请增加限制密码最多输入5次的功能。

2）用程序检测身边同学朋友的密码强度。遇到是弱密码的同学，建议其更换高强度密码。

## 本章小结

本章主要介绍 Python 中的常用程序控制结构，包括选择结构和循环结构。其中，选择结构主要是 if 单分支、双分支及多分支结构，循环结构主要是 for 循环和 while 循环。结合案例，让读者进一步掌握程序控制结构的内容。在 Python 开发中，本章知识点使用频率非常高，熟练掌握它们的使用方法，有助于读者体会和理解程序设计的思想，也为后面的学习打下牢固的基础。

## 习 题

### 一、单项选择题

1）执行下列 Python 语句将产生的结果是（　　　　）。

x = 2; y = 2.0 if x == y:print("Equal") else:print("Not Equal")

A. Equal　　　　B. Not Equal　　　　C. 编译错误　　　　D. 运行时错误

2）执行下列 Python 语句将产生的结果是（　　　）。

i = 1 if(i):print(True) else:print(False)

A. 输出 1　　　　B. 输出 True　　　　C. 输出 False　　　　D. 编译错误

3）下面 if 语句统计满足"性别（gender）为男、职称（duty）为教授、年龄（age）小于 40 岁"条件的人数，正确的语句是（　　　　）。

A. if(gender == ' 男 ' or age < 40 and duty == ' 教授 '):n += 1

B. if(gender == ' 男 ' and age < 40 and duty == ' 教授 '):n += 1

C. if(gender == ' 男 ' and age < 40 or duty == ' 教授 '):n += 1

D. if(gender == ' 男 ' or age < 40 or duty == ' 教授 '):n += 1

4）在 Python 中，实现多分支选择结构的较好办法是（　　　　）。

A.if　　　　　　B. if–else　　　　C. if–elif–else　　　D. if 嵌套

5）下面程序段求两个数 x 和 y 中的大数，不正确的是（　　　　）。

A. maxNum = x if x > y else y　　　　B. maxNum = math.max(x,y)

C. if(x > y): maxNum = x　　　　　　 D. if(y >=x):maxNum = y
　　 else:maxNum = y　　　　　　　　　　 maxNum = x

### 二、操作题

1）输入一个正整数，判断是奇数还是偶数，然后输出结果（要求用 input 函数从键盘输入）。

2）编写程序，任意输入三条边长，经过计算，判断三条边是否构成三角形，并确定是什么类型的三角形。

3）使用三种方法写出求 1+2+3+…+100 的和。

4）编写程序，求 1~100 所有偶数的和。

5）有 1、2、3 三个数字，请问这三个数字能生成多少个互不相同且无重复数字的三位数？编写程序实现。

6）设计一个用户登录程序。要求：设定用户账户名为 root，密码是 westos。判断用户名和密码是否正确？为了防止暴力破解，登录仅有三次机会，如果超过三次机会，程序报错，结束！

7）一家商场在降价促销。如果购买金额在 50~100 元（包含 50 元和 100 元）之间，会给 10% 的折扣，如果购买金额大于 100 元会给 20% 的折扣。编写一个程序，询问购买价格，再显示出折扣（%10 或 20%）和最终价格。

8）任意输入三个整数，找出这三个整数中的最大值并输出。

9）任意输入三个整数，把它们按从大到小的顺序输出。

10）求两个正整数 m 和 n 的最小公倍数。两个或多个整数公有的倍数叫作它们的公倍数，其中除 0 以外最小的一个公倍数就叫作这几个整数的最小公倍数。

11）获取 100 以内的质数。质数又称素数，指在一个大于 1 的自然数中，除了 1 和此整数自身外，不能被其他自然数整除的数。

12）求两个正整数 m 和 n 的最大公约数。最大公因数也称最大公约数、最大公因子，指两个或多个整数共有约数中最大的一个。例如，12、16 的公约数有 1、2、4，其中最大的一个是 4，4 是 12 与 16 的最大公约数。求最大公约数有多种方法，常见的有质因数分解法、短除法、辗转相除法、更相减损法。

# Chapter 5

## 第5章
## 序列结构的应用

    抽奖券的号码要求唯一不重复，以体现公平公正，每个主办单位都要批量生成大量的抽奖券号，如何快速批量生成抽奖券号码呢？对英文小说《哈利波特与魔法石》进行词频统计，统计哪些单词出现的频率最高，这会让读者以另一个角度洞悉这本小说的内容。你能开发一个快速统计词频的程序吗？这些业务可以结合 Python 的列表、字典、元组和集合等知识来完成。在本章将探索 Python 的序列结构，挖掘它的强大功能。

> **学习目标**

    1）学会 Python 列表、字典、元组和集合的声明和使用，了解它们的含义和作用。

    2）掌握 Python 列表的操作方法，如 append、insert、clear、pop、remove、reverse、copy、index、count、sort 等。

    3）掌握 Python 字典的操作方法，如 keys、values、items、get(key, default)、pop(key, default)、popitem、update、copy、clear、get(key, default=None)、setdefault (key, default=None)、__contains__(key) 等。

    4）掌握 Python 集合的运算方法，如 s1.difference(s2)、s1.intersection(s2)、s1.isdisjoint (s2)、s1.issubset(s2)、s1.issuperset(s2)、s1.union(s2) 等。

    5）学会结合 for 或者 while 循环语句对列表、字典、元组等内容进行遍历操作。

    6）掌握字符串、列表、元组、集合和字典等序列支持的通用操作：比如序列索引、切片、相加、相乘、值比较、对象身份比较、布尔运算、包含关系和内置函数等。

7）能综合运用列表、字典、元组和集合等知识，编写应用程序的模块。

8）通过大量的范例代码训练，提高代码编写的严谨态度。

**思维导图**

思维导图如图 5-1 所示。

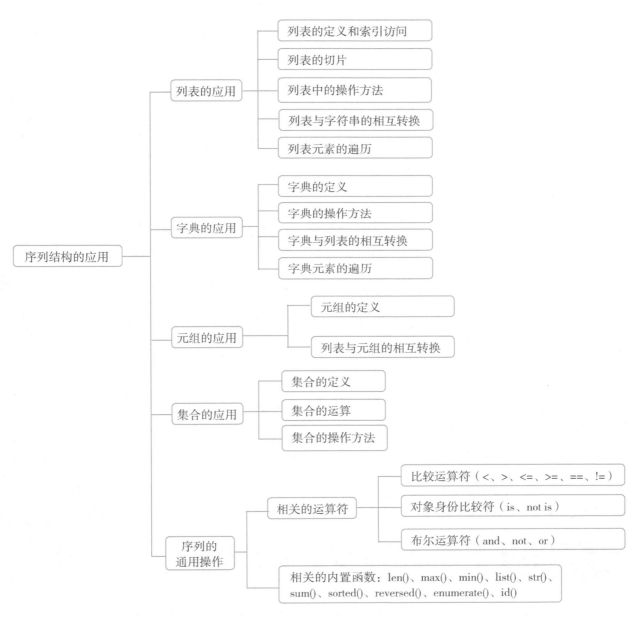

图 5-1　思维导图

## 5.1 列表的应用

常见序列类型包括字符串（普通字符串和 unicode 字符串）、列表和元组。所谓序列即成员有序排列，可通过下标访问。也有学者把字典和集合看作序列，即认为 Python 中常用的序列分类有字符串、列表、元组、字典、集合等，序列分类如图 5-2 所示。

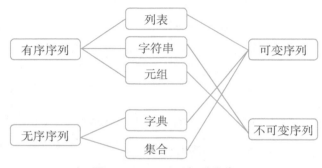

图 5-2　Python 序列分类

字符串、列表、元组等有序序列支持双向索引。第 1 个元素下标为 0，第二个元素下标为 1，以此类推。也可以使用负数作为索引，最后 1 个元素为 –1，倒数第 2 个元素为 –2，以此类推，如图 5-3 所示。

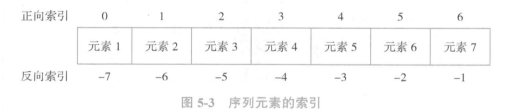

图 5-3　序列元素的索引

序列的一些元素的增加、修改、删除等操作具有相似性。序列可以进行的操作包括索引、切片、加、乘、检查成员等。

### 1. 列表的定义和索引访问

列表（list）是重要的 Python 内置对象之一，它是包含了 0 个或者多个元素的有序序列。它有以下几个特点：

1）列表中的元素类型可以不同，也可以相同。

2）列表没有长度限制，不需要预定义长度。

3）列表是有序的，列表的下标从 0 开始。访问列表的值使用下标进行访问。

【范例 5-1】　列表的多种定义方法和下标访问方法

列表的定义可以使用中括号"[ ]"来表示，也可以使用 list() 函数来表示。以下是 5 种定义列表的方法。对于初始状态不清楚时，可以先定义空白列表，再根据实际情况对列表赋值。

```
mylist1=[]     # 使用 [] 定义空白列表
mylist2=list()  # 使用 list() 函数定义空白列表
mylist3=[' 广州 ',' 深圳 ',' 上海 ']        # 列定义时表可以直接给出元素
mylist4=list(' 深圳改革先行示范区 ') # 列表可以由一个字符串生成
mylist5=list(range(1,20,2))                # 可以把 range 对象转换为列表

print(mylist3)
print(mylist4)
print(mylist5)
print(mylist3[1])     # 使用下标进行元素的访问，下标从 0 开始计算
print(mylist3[-1])    # 使用下标进行元素的访问，-1 表示倒数第 1 个
```

结果如下：

```
[' 广州 ',' 深圳 ',' 上海 ']
[' 深 ',' 圳 ',' 改 ',' 革 ',' 先 ',' 行 ',' 示 ',' 范 ',' 区 ']
[1, 3, 5, 7, 9, 11, 13, 15, 17, 19]
深圳
上海
```

### 2. 列表的切片

切片操作是访问序列中元素的另一种方法，对于一定范围内的元素，通过切片操作，可以生成一个新的序列。序列实现切片操作的语法格式如下：

```
sname[start : end : step]
```

它与字符串的切片操作类似，即 [ 开始索引：结束索引：步长 ]，这里不再重复表述。

【范例 5-2】　列表的切片操作

字符串的切片操作对列表也同样适用。列表的切片也可以使用 [start : end] 的方式进行。

```
mytitle=list('python 编程基础与应用 ')    # 使用 list（ ）函数把字符串 转换为列表
print(mytitle)
print(mytitle[0:3])                      # 从下标 0 开始，注意区分
print(mytitle[1:3])
print(mytitle[-5:-1])                    # 如果用负数，最后一个下标是 -1
```

结果如下：

```
['p', 'y', 't', 'h', 'o', 'n', ' 编 ', ' 程 ', ' 基 ', ' 础 ', ' 与 ', ' 应 ', ' 用 ']
['p', 'y', 't']
['y', 't']
[' 基 ', ' 础 ', ' 与 ', ' 应 ']
```

### 3. 列表中的操作方法

列表的一些通用的操作方法，见表 5-1。

表 5-1　列表的操作方法

| 序号 | 操作函数 | 描述 |
|---|---|---|
| 1 | list.append(x) | 在列表末尾添加新的对象 x |
| 2 | list.count(x) | 统计某个元素在列表 x 中出现的次数 |
| 3 | list.extend(seq) | 在列表末尾一次性追加另一个序列中的多个值（用新列表扩展原来的列表） |
| 4 | list.index(x) | 从列表中找出某个值第一个匹配项的索引位置 |
| 5 | list.insert(index, x) | 将对象插入列表 |
| 6 | list.pop([index=-1]) | 移除列表中的一个元素（默认最后一个元素），并且返回该元素的值 |
| 7 | list.remove(x) | 移除列表中某个值的第一个匹配项 |
| 8 | list.reverse() | 反转列表中的元素 |
| 9 | list.sort(cmp=None, key=None, reverse=False) | 对原列表进行排序。key 是用来指定排序无规则，reverse 为 False 表示升序，为 True 表示降序 |
| 10 | list.copy() | 列表的浅表复制 |

结合表 5-1 中的方法，下面范例主要说明列表元素的"增加、修改、删除"等操作。

【范例5-3】 列表的 append()、extend() 和 insert 实现增加操作

使用 append() 在列表末尾实现元素的追加，使用 extend() 在列表末尾实现整个列表的追加，使用 insert() 可以实现在指定位置增加元素。

```
list1=[' 上午 ',' 中午 ',' 下午 ']      #定义一个列表 list1
print(' 原始状态：',list1)
list1.append(' 傍晚 ')          # 在末尾追加元素
print('append 追加元素后：',list1)
list2=[' 白班 ',' 中班 ',' 晚班 ']
list1.extend(list2)          # 在末尾追加列表
print('extend 追加列表后：',list1)
list1.insert(1,' 中午前 ')        #追加到指定位置
print('insert 后状态：',list1)
list4=[' 语文 ',' 数学 ',' 英语 ']      #定义一个列表 list4
list5=['C#','Java','Pytho']      #定义一个列表 list5
print(' 列表 + 运算：',list4+list5)
print(' 列表 * 运算：',list4*3)
```

结果如下：

```
原始状态：[' 上午 ',' 中午 ',' 下午 ']
append 追加元素后：[' 上午 ',' 中午 ',' 下午 ',' 傍晚 ']
extend 追加列表后：[' 上午 ',' 中午 ',' 下午 ',' 傍晚 ',' 白班 ',' 中班 ',' 晚班 ']
insert 后状态：[' 上午 ',' 中午前 ',' 中午 ',' 下午 ',' 傍晚 ',' 白班 ',' 中班 ',' 晚班 ']
列表 + 运算：[' 语文 ',' 数学 ',' 英语 ','C#','Java','Pytho']
列表 * 运算：[' 语文 ',' 数学 ',' 英语 ',' 语文 ',' 数学 ',' 英语 ',' 语文 ',' 数学 ',' 英语 ']
```

## 小提示

列表的"+"运算是直接加在列表后面，与 extend() 功能一样。列表的"*"运算是自动在列表后面复制设定的倍数次。

【范例5-4】 列表元素的修改操作

直接使用下标进行列表元素的修改操作。

```
list1=[' 数学 60 分 ',' 语文 90 分 ',' 英语 85 分 ']
print(' 修改前：',list1)
list1[1]=' 语文 95 分 '    #赋值
print(' 修改后：',list1)
score1=list1[2]       #取值
print(' 取 1 个值：',score1)
```

结果如下：

```
修改前：[' 数学 60 分 ',' 语文 90 分 ',' 英语 85 分 ']
修改后：[' 数学 60 分 ',' 语文 95 分 ',' 英语 85 分 ']
取 1 个值：英语 85 分
```

## 小提示

列表 [ 下标 ] 放在等号左边是赋值，即是写入操作，也称修改操作，如上面的 list1[1]=' 语文 95 分 '。

列表 [ 下标 ] 放在等号右边是读取，即是读取操作，如上面的 score1=list1[2]。

【范例 5-5】　列表的 clear()、pop() 和 remove() 实现删除操作

使用 clear() 清空列表，使用 pop() 删除指定下标的元素并返回它的值，使用 remove() 删除第一个匹配项。pop() 是按索引的下标进行删除，remove() 则是按元素的值进行删除。

```
boolList=[' 小说 ',' 散文 ',' 哲学 ',' 诗歌 ',' 文言文 ',' 诗歌 ']
print(' 删除前 : ',boolList)
oneBook=boolList.pop(1)        # 按索引号删除
print(' 被删除的元素 : ',oneBook)
print('pop 删除后 : ',boolList)
boolList.remove(' 诗歌 ')        # 按元素的值删除，并且只删除第一个匹配项
print('remove 删除后 : ',boolList)
del boolList[2] # 直接使用 del 删除列表元素
boolList.clear()
print('clear 删除后 : ',boolList)
```

结果如下 :

```
删除前 : [' 小说 ',' 散文 ',' 哲学 ',' 诗歌 ',' 文言文 ',' 诗歌 ']
被删除的元素 : 散文
pop 删除后 : [' 小说 ',' 哲学 ',' 诗歌 ',' 文言文 ',' 诗歌 ']
remove 删除后 : [' 小说 ',' 哲学 ',' 文言文 ',' 诗歌 ']
clear 删除后 : []
```

【范例 5-6】　列表的 reverse() 和 sort() 实现反转和排序操作

使用 reverse() 实现元素的反转。

```
# 反转操作
list1=list('Python 是好编程语言 ')
print(' 反转前 : ',list1)
```

```
list1.reverse()
print(' 反转后：',list1)
```

结果如下：

```
反转前：['P', 'y', 't', 'h', 'o', 'n', ' 是 ', ' 好 ', ' 编 ', ' 程 ', ' 语 ', ' 言 ']
反转后：[' 言 ', ' 语 ', ' 程 ', ' 编 ', ' 好 ', ' 是 ', 'n', 'o', 'h', 't', 'y', 'P']
```

使用 sort() 可以对列表进行排序。列表是一个有序的序列，排序在很多应用场景显得非常重要。如果列表中是字符串和数字的混合情况，则不能进行排序并会出错，因为它不知道按照什么顺序进行排列。

```
# 升序和降序排序
list2=[90,16,34,87,43,85]
print(' 排序前：',list2)
list2.sort(reverse=True)
print(' 降序后：',list2)
list2.sort(reverse=False)
print(' 升序后：',list2)
```

结果如下：

```
排序前：[90, 16, 34, 87, 43, 85]
降序后：[90, 87, 85, 43, 34, 16]
升序后：[16, 34, 43, 85, 87, 90]
```

如果列表有大写和小写字母的混合情况，则先排列大写字母，后排列小写字母。如果要实现从小写字母开始也是可以的，在后面写 key=str.lower。

```
#key 参数排序
list3="This is a test string from Andrew".split()   # 以空格进行分割，并生成列表
print(' 排序前：',list3)
```

```
list3.sort()
print(' 默认排序：',list3)
list3.sort(key=str.lower)
print(' 小写优先排序：',list3)
```

结果如下：

```
排序前：['This', 'is', 'a', 'test', 'string', 'from', 'Andrew']
默认排序：['Andrew', 'This', 'a', 'from', 'is', 'string', 'test']
小写优先排序：['a', 'Andrew', 'from', 'is', 'string', 'test', 'This']
```

## 阅读角

### 排序算法

1. 排序算法的简介

所谓排序，就是使一串记录按照其中的某个或某些关键字的大小递增或递减排列起来的操作。排序算法，就是如何使得记录按照要求排列的方法。排序算法在很多领域得到相当地重视，尤其是在大量数据的处理方面。一个优秀的算法可以节省大量的资源。在各个领域中考虑到数据的各种限制和规范，要得到一个符合实际的优秀算法，得经过大量的推理和分析。

2. 评价排序算法好坏的指标

评价一个排序算法的好坏往往可以从下面几个方面入手：

1）时间复杂度：即从序列的初始状态到经过排序算法的变换移位等操作变到最终排序好的结果状态的过程所花费的时间度量。

2）空间复杂度：就是从序列的初始状态经过排序移位变换的过程一直到最终的状态所花费的空间开销。

3）使用场景：排序算法有很多，不同种类的排序算法适合不同种类的情景，可能有时候需要节省空间对时间要求没那么多，反之，有时候则是希望多考虑一些时间，对空间要求没那么高，总之一般都会必须从某一方面作出抉择。

4）稳定性：稳定性是不管时间和空间必须要考虑的问题，往往也是非常重要的影响选择的因素。

3. 经典的排序算法

10 种基本排序算法：冒泡排序、选择排序、插入排序、希尔排序、归并排序、快速排序、基数排序、堆排序、计数排序、桶排序。

在 Python 的列表中，已经提供了一些封装好的排序方法，大大减少了代码量。

4. 冒泡排序简介

冒泡排序算法是把较小的元素往前调或者把较大的元素往后调。这种方法主要是通过对相邻两个元素进行大小的比较，根据比较结果和算法规则对该二元素的位置进行交换，这样逐个依次进行比较和交换，就能达到排序目的。冒泡排序的基本思想是，首先将第 1 个和第 2 个记录的关键字比较大小，如果是逆序的，就将这两个记录进行交换，再对第 2 个和第 3 个记录的关键字进行比较，依次类推，重复进行上述计算，直至完成第 (n-1) 个和第 n 个记录的关键字之间的比较，此后，再按照上述过程进行第 2 次、第 3 次排序，直至整个序列有序为止。排序过程中要特别注意的是，当相邻两个元素大小一致时，这一步操作就不需要交换位置，因此也说明冒泡排序是一种严格的稳定排序算法，它不改变序列中相同元素之间的相对位置关系。

以下是 Python 语言写的冒泡排序算法：

```python
def bubbleSort(arr):
    n = len(arr)
    # 遍历所有数组元素
    for i in range(n):
        for j in range(0, n-i-1):
            if arr[j] > arr[j+1] :
                arr[j], arr[j+1] = arr[j+1], arr[j]
```

以下代码是调用冒泡排序算法：

```python
arr = [64, 34, 25, 12, 22, 11, 90]
bubbleSort(arr)
print (" 排序后的数组 :")
for i in range(len(arr)):
    print ("%d" %arr[i]),
```

【范例 5-7】　列表的 count()、index() 操作

使用 count() 可计算列表的某个元素出现了多少次。index() 可以统计某个值第一个匹配元素所对应的下标数字。

```
list1=list(' 我爱中国，中国是一个伟大的国家。')
print(' 原始列表：',list1)
print(' 列表的长度：',len(list1))
print(' 中字出现了多少次：',list1.count(' 中 '))
print(' 国字第一次出现的索引下标数字：',list1.index(' 国 '))
```

结果如下：

```
原始列表：['我','爱','中','国',',','中','国','是','一','个','伟','大','的','国','家','。']
列表的长度：16
中字出现了多少次：2
国字第一次出现的索引下标数字：3
```

### 4. 列表与字符串的相互转换

列表与字符串之间可以相互转换，使用 list() 和 split() 将字符串转换为列表，使用 join() 也可以把列表转换为字符串。

【范例 5-8】　列表与字符串的相互转换

把字符串转换为列表时，可以自动分割、以空格分割、以逗号分割或者以其他指定的符号分割。

```
#字符串转列表
list1=list(' 我爱中国 ')                    # 自动分割为列表
list2='This is a pen'.split()              #以空格分割为列表
list3=' 自行车，汽车，火车 '.split(',')       #以逗号分割为列表
```

```
print('list1:',list1)
print('list2:',list2)
print('list3:',list3)
```

结果如下:

```
list1:[' 我 ',' 爱 ',' 中 ',' 国 ']
list2:['This', 'is', 'a', 'pen']
list3:[' 自行车 ',' 汽车 ',' 火车 ']
```

在使用 join() 时需要一个连接字符。这一个连接字符可以是空格、逗号、一个单词、一个汉字或者其他任意合法的字符。

```
#列表转换为字符串
list4=['a 班 ','b 班 ','c 班 ']
separator1=' 和 '              # 分隔连接字符，以一个汉字
str1=separator1.join(list4)
print(' 以一个汉字连接: ',str1)
separator2=', '               # 分隔连接字符，以一个逗号
str2=separator2.join(list4)
print(' 以一个逗号连接: ',str2)
```

结果如下:

```
以一个汉字连接: a 班和 b 班和 c 班
以一个逗号连接: a 班，b 班，c 班
```

### 5. 列表元素的遍历

结合 for 循环和 in 可以快速遍历，也可以计算出列表的元素个数，使用 while 循环和列表的下标进行遍历。

【范例 5-9】 列表的 2 种遍历方法

通常使用 for 循环的遍历比较简洁。使用 while 循环可以精准识别列表的下标，从而对某个下标的数据进行更多的操作，比如对特定的数据修改或者删除。

1）使用 for 进行遍历。

```
#定义一个列表
list1=[' 画笔 ',' 铅笔 ',' 钢笔 ']
print(list1)
#方法 1：使用 for 进行遍历
for  temp in list1:   #temp 这个变量可以命名为其他任何名称，只要符合命名规范
    print(' 我要买 ',temp)
```

结果如下：

```
[' 画笔 ',' 铅笔 ',' 钢笔 ']
我要买画笔
我要买铅笔
我要买钢笔
```

2）使用 while 和列表的下标进行遍历。

```
#方法 2：使用 while 和列表的下标进行遍历
listLen=len(list1)     #取得列表的长度
i=0                     #循环递增值，初始为 0，因为列表第一个下标为 0
while i<listLen:
    print(' 他也买 ',list1[i])     #使用列表的下标数字取出元素的值
    i=i+1                 #下标自增 1
```

结果与前面的结果类似，相比较而言，使用 while 需要明确指定循环结束的条件。

## 5.2　字典的应用

### 1. 字典的定义

字典（dictionary）与列表类似，但其中元素的顺序无关紧要，因为它们不是通过像 0 或 1 的索引访问的。取而代之，每个元素拥有与之对应的互不相同的键（key），需要通过键来访问元素。字典的每个键值 key=>value 对用冒号"："分割，每个对之间用逗号","分割，整个字典包括在花括号"{}"中，它的格式如下。

> dict1 ={key1:values1, key2:values2, key3:values3}

一个简单的字典结构示例如图 5-4 所示。

图 5-4　字典的结构示例

它的一些特征：

1）字典是任意数据类型的无序集合：列表、布尔型、整型、浮点型、元组、字符串等。

2）字典是可变的，可以增加、删除或修改其中的键值对。

3）字典中的"键"不允许重复，但是"值"允许重复。

4）通过键而不是通过索引来读取元素。

【范例 5-10】　字典的创建和访问

直接使用赋值运算符"="将一个字典赋值给一个变量。它也可以通过一对花括号 {} 或者 dict() 创建字典。

```
school1=dict()  # 使用 dict() 定义一个空字典
# 以下是使用 {} 定义一个空字典，再通过 key 来直接进行赋值。
school2={}
school2['schoolName']=' 珠海一中 '                # 第 1 个 item
school2['address']=' 珠海市香洲区 ## 路 ## 号 ' # 第 2 个 item
school2['tel']='0756-123456'                    # 第 3 个 item
```

```
#以下是在定义字典的同时也赋值，请注意 age 的值 12 是数字格式，可以不
用引号
student3 = {'name': ' 王小红 ', 'age': 12, 'class': ' 网络 191 班 '}
# 显示字典 school2 和 student3 的内容
print(school2)
print(student3)
```

运行结果如下：

```
{'schoolName': ' 珠海一中 ', 'address': ' 珠海市香洲区 ## 路 ## 号 ', 'tel': '0756–123456'}
{'name': ' 王小红 ', 'age': 12, 'class': ' 网络 191 班 '}
```

## 2. 字典的操作方法

字典的一些通用的操作方法，见表 5-2。

表 5-2　字典的操作方法

| 序号 | 操作函数 | 描述 |
|---|---|---|
| 1 | d.keys() | 以列表返回一个字典所有的键 |
| 2 | d.values() | 以列表返回一个字典所有的值 |
| 3 | d.items() | 以列表返回可遍历的（键，值）元组数组 |
| 4 | d.get(key,default) | 如果键存在则返回相应的值，如果键不存在则返回默认值 default |
| 5 | d.pop(key,default) | 如果键存在则返回相应的值，同时还会删除"键值对"。如果键不存在则返回默认值 default |
| 6 | d.popitem() | 从字典中删除最后一对"键值对"。同时还会以元组的形式返回删除的这个"键值对"的元素 |
| 7 | d.update() | 利用字典或映射关系去更新另外一个字典。如果更新关系中不存在，则把新的"键值对"添加到字典中。即"有"就更新旧元素，"没"就插入新元素 |
| 8 | d.copy() | 返回指定字典的副本，即复制一个字典 |
| 9 | d.clear() | 删除所有的"键值对"，清空字典 |
| 10 | d.get(key, default=None) | 返回指定键的值，如果值不在字典中则返回 default 值 |
| 11 | d.setdefault(key, default=None) | 和 get() 类似，但如果键不存在于字典中，将会添加键并将值设为 default |
| 12 | d.__contains__(key) | 如果键在字典 dict 里返回 true，否则返回 false。请注意"__"是 2 个半角状态的下画线 |

字典元素的"增加、修改、删除"操作范例如下。

【范例 5-11】 字典 setdefault() 访求和直接赋值实现元素的"增加"操作

当为指定"键"的字典进行赋值时，有两种含义：如果"键"存在，则表示修改对应的值；如果"键"不存在，则表示新添加一个元素操作。

```
student = {'name': ' 王小红 ', 'age': 12, 'class': ' 网络 191 班 '}
print('student 状态前 :',student)
student['name']=' 陈小林 ' # 修改元素
student['sex']=' 男 '    # 添加新元素
print('student 第 1 次修改后 :',student)
student.setdefault('name',' 匿名学生 ')  # 如果 name 没有值，则写入"匿名学生"。
如果有值，则不作处理
student.setdefault('teacher',' 王老师 ') # 如果 teacher 没有值，则写入"王老师"
print('student 第 2 次修改后 :',student)
```

结果如下：

```
student 状态前 : {'name': ' 王小红 ', 'age': 12, 'class': ' 网络 191 班 '}
student 第 1 次状态后 : {'name': ' 陈小林 ', 'age': 12, 'class': ' 网络 191 班 ', 'sex': ' 男 '}
student 第 2 次状态后 : {'name': ' 陈小林 ', 'age': 12, 'class': ' 网络 191 班 ', 'sex': ' 男 ',
'teacher': ' 王老师 '}
```

## 小提示

通过代码结果分析，可以看到语句 student.setdefault('name',' 匿名学生 ')，因为键"name"已经有值为"王小红"，所以它并没有修改"name"对应的元素。但是键"teacher"并没有定义，所以它会成为一个写入新元素的操作。

【范例 5-12】 字典的 copy() 方法实现元素的"增加"操作

使用 copy() 的方法也可以实现"增加"字典的功能，或者说是浅表复制的功能，但是需要注意使用"="和 copy() 方法有小区别，使用 copy() 之后，新的字典内存地址也发生了变化。

```
student = {'name': ' 王小红 ', 'age': 12, 'class': ' 网络 191 班 '}
goodStudent={}                   #定义一个空的字典
goodStudent=student.copy()   # 把 student 浅表复制到 goodStudent
goodStudent2={}                  #定义一个空的字典
goodStudent2=student             # 直接赋值

print('student：',student)
print('goodStudent：',goodStudent)
print('goodStudent2：',goodStudent2)
print('student 的 ID：',id(student))
print('goodStudent 的 ID：',id(goodStudent))     #ID 已经有变化
print('goodStudent2 的 ID：',id(goodStudent2))   #直接赋值的 ID 没有变化，与
student 的 ID 一样
```

结果如下：

```
student：{'name': ' 王小红 ', 'age': 12, 'class': ' 网络 191 班 '}
goodStudent：{'name': ' 王小红 ', 'age': 12, 'class': ' 网络 191 班 '}
goodStudent2：{'name': ' 王小红 ', 'age': 12, 'class': ' 网络 191 班 '}
student 的 ID：8997016
goodStudent 的 ID：8997456
goodStudent2 的 ID：8997016
```

经过代码结果分析，以上两种方法都可以实现代码的复制功能，但是 copy() 可以实现浅表复制，它的内存地址也发生了变化。

## 小提示

浅表复制：b = a.copy()：a 和 b 父对象是一个独立的对象，但它们的子对象还是指向统一对象（是引用）。更改 b 的内容就可能会影响 a，更改 a 的内容也可能会影响 b。

深表复制：b = copy.deepcopy(a)：完全复制了父对象及其子对象，a 和 b 的父对象及其子对象两者都是完全独立的。更改 b 的内容就不会影响 a，更改 a 的内容也不会影响 b。

**【范例 5-13】** 字典的 update () 方法实现元素的"修改"或者"增加"操作

使用 update() 方法可以将一个字典的"键值对"一次性全部添加到当前字典。如果两个字典中存在相同的"键"，则会更新它的"值"。

```
student = {'name': ' 王小红 ', 'age': 12, 'class': ' 网络 191 班 '}
print(' 字典原始状态 ',student)
otherStudent={'name': ' 刘小婷 ','sex':' 女 ','studentID':'201111001'}        #定义一个
新字典
student.update(otherStudent) #name 会被更新，但是 sex 和 studentID 会新添加
print(' 字典更新后状态 ',student)
```

结果如下：

```
字典原始状态 {'name': ' 王小红 ', 'age': 12, 'class': ' 网络 191 班 '}
字典更新后状态 {'name': ' 刘小婷 ', 'age': 12, 'class': ' 网络 191 班 ', 'sex': ' 女 ',
'studentID': '201111001'}
```

经过代码结果分析，刘小婷的信息已经更新成功，但是性别"女"和学号"201111001"则被添加到字典的后面。

字典的"删除"操作

使用 popitem() 方法可以实现删除指定的元素，同时删除的元素还可以返回为元组。使用 pop() 可以指定删除哪一个键的元素，同时返回元素的值。使用 del 全局删除方法，能删除单一的元素也能清空字典。

```
student = {'name': ' 王小红 ', 'age': 12, 'class': ' 网络 191 班 '}
student2=student.copy() # 浅表复制一个新的字典 student2
print('student 删除前 :',student )
v1=student.popitem() # 删除最后一个，同时把删除结果返回为元组
v2=student.pop('age') # 指定删除 age ，同时返回元素的值
print('student 删除后 :',student )
print('popitem() 删除的：',v1)
print('pop() 删除的：',v2)


del student2['name'] # 指定删除某一个键
print('student2 删除 name 后 :',student2 )
del student2      # 全部删除，字典 student2 对象都没有了
```

结果如下：

```
student 删除前 : {'name': ' 王小红 ', 'age': 12, 'class': ' 网络 191 班 '}
student 删除后 : {'name': ' 王小红 '}
popitem() 删除的: ('class', ' 网络 191 班 ')
pop() 删除的: 12
student2 删除 name 后 : {'age': 12, 'class': ' 网络 191 班 '}
```

经分析，可知 popitem() 和 pop() 在实现删除的同时，还可以返回删除的元素。

**【范例 5-15】** 字典的 get()、keys() 、values() 和 items()
实现字典的"查询"操作

使用 keys() 可以查询所有的"键"，使用 values() 可以查询所有的"值"，items() 则
返回全部的"键值对"，它们的共同特征是返回列表格式。使用 get() 可以查询某一个
"键"对应的"值"。

```python
student = {'name': ' 王小红 ', 'age': 12, 'class': ' 网络 191 班 '}
print(student.keys())
print(student.values())
print(student.items())
print(student.get('name'))
```

结果如下：

```
dict_keys(['name', 'age', 'class'])
dict_values([' 王小红 ', 12, ' 网络 191 班 '])
dict_items([('name', ' 王小红 '), ('age', 12), ('class', ' 网络 191 班 ')])
王小红
```

### 3. 字典与列表的相互转换

**【范例 5-16】** 使用 list() 把字典转换成列表

字典转换成列表，可以直接使用 list() 完成。它有以下几种实现方法：

```python
student = {'name': ' 王小红 ', 'age': 12, 'class': ' 网络 191 班 '}
list01=list(student) #默认转换字典的"键"
list02=list(student.keys()) #指定转换字典的"键"
list03=list(student.values()) #指定转换字典的"值"
print(' 字典 student:',student)
print(' 列表 list01:',list01)
```

```
print(' 列表 list02:',list02)
print(' 列表 list03:',list03)
```

结果如下：

```
字典 student: {'name': ' 王小红 ', 'age': 12, 'class': ' 网络 191 班 '}
列表 list01: ['name', 'age', 'class']
列表 list02: ['name', 'age', 'class']
列表 list03: [' 王小红 ', 12, ' 网络 191 班 ']
```

要特别注意指定转换字典的"键"和指定转换字典的"值"这两个方法的区别。

**【范例 5-17】　使用 zip() 把列表转换成字典**

使用 zip() 函数和 dict() 函数，把列表转换成字典。zip() 函数用于将可迭代的对象作为参数，将对象中对应的元素打包成一个个元组，然后返回由这些元组组成的列表。

```
shopName=['Mp3','Mp4','iPhone','iPad'] # 有 4 个元素
shopPrice=[300,400,3000,1300,4500] # 有 5 个元素
temp=zip(shopName,shopPrice) # 打包成元组，第 5 个元素会被忽略
shopInfo=dict(temp) # 再转换为字典
print(' 字典 shopInfo: ',shopInfo)
```

结果如下：

```
字典 shopInfo：{'Mp3': 300, 'Mp4': 400, 'iPhone': 3000, 'iPad': 1300}
```

如果各个迭代器的元素个数不一致，则返回列表长度与最短的对象相同。从结果中可以发现，列表"shopPrice"的第 5 个元素会被忽略。

**【范例 5-18】　使用嵌套列表转换为字典**

使用嵌套列表转换为字典。这个方法有一个特殊的要求，列表内只能有两个元素，

将列表内的元素自行组合成键值对。

```
shopName=['Mp3',300]   # 只能有两个元素
shopPrice=['Mp4',400]    # 只能有两个元素
listTemp=[shopName,shopPrice] # 构造一个新的列表
print(' 列表 listTemp:',listTemp)


shopInfo={}  # 定义一个空字典
for item in listTemp:
    shopInfo[item[0]]=item[1] # 使用循环，转换为字典


print(' 字典 shopInfo：',shopInfo)
```

结果如下：

```
列表 temp: [['Mp3', 300], ['Mp4', 400]]
字典 shopInfo：{'Mp3': 300, 'Mp4': 400}
```

### 4. 字典元素的遍历

**【范例 5-19】** 遍历所有的 "键值对"

遍历所有的 "键值对"。它主要是结合 items() 和 for 循环完成遍历任务。

```
student = {'name': ' 王小红 ', 'age': 12, 'class': ' 网络 191 班 '}
for key,value in student.items():
    print(' 字典 student 的键：',key,' 它的值：',value)
```

结果如下：

```
字典 student 的键：name ， 它的值：王小红
字典 student 的键：age ， 它的值：12
字典 student 的键：class ， 它的值：网络 191 班
```

以上范例中的 key 和 value 都是变量名称，也可以命名为其他合规的变量名。

**【范例 5-20】 遍历所有的"键"**

遍历字典中的所有键。它主要是结合 keys() 和 for 循环完成遍历任务。

```
student = {'name': ' 王小红 ', 'age': 12, 'class': ' 网络 191 班 '}
for key in student.keys():
    print(' 字典 student 的键: ',key)
```

结果如下：

```
字典 student 的键: name
字典 student 的键: age
字典 student 的键: class
```

**【范例 5-21】 遍历所有的"值"**

遍历字典中的所有值。它主要是结合 values() 和 for 循环完成遍历任务，它与遍历所有的"键"操作是类似的。

```
student = {'name': ' 王小红 ', 'age': 12, 'class': ' 网络 191 班 '}
for key in student.values():
    print(' 字典 student 的值: ',key)
```

结果如下：

```
字典 student 的值: 王小红
字典 student 的值: 12
字典 student 的值: 网络 191 班
```

## 5.3 元组的应用

**1. 元组的定义**

与列表类似，元组（tuple）也是由任意类型元素组成的序列。与列表不同的是，元组是不可变的，这意味着一旦元组被定义，将无法再进行增加、删除或修改元素等操作。因此，元组就像是一个常量列表。可以简单理解为内容不可变的列表。除了内部元素不可修改的区别外，元组和列表的用法差不多。

（1）元组与列表相同的操作

1）使用方括号加下标访问元素；

2）切片（形成新元组对象）；

3）count()、index()、len()、max()、min()、tuple() 等。

（2）元组中不允许的操作，确切地说是元组没有的功能

1）修改、新增元素；

2）删除某个元素；

3）所有会对元组内部元素发生修改动作的方法。例如，元组没有 remove、append、pop 等方法。

【范例 5-22】 元组的定义和读取

可以直接使用 tuple() 或者一个空括号 "()" 来创建元组。当元组的元素只有一个时，要在元素的后面跟个逗号。

```
tuple0 = tuple()      # 创建空元组
tuple1 = ()           # 创建空元组
tuple1=(' 淘宝 ',' 天猫 ') # 再重新赋值给它
tuple2 = (40,)        # 创建只包含一个元素的元组时，要在元素的后面跟个逗号。
tuple3 = (40)         # 如果不跟一个逗号，则不是元组。
tuple4 = (' 顺丰 ',' 中通 ',' 申通 ',' 邮政 ') # 某电子商务平台只有 4 家快递签约，可
以使用元组定义，它具有不可修改性
oneCompany=tuple4[2] # 读取元组的元素，指定下标为 2 的元素


print('tuple0:',tuple0)
print('tuple1:',tuple1)
```

```
print('tuple2:',tuple2) # 它是元组
print('tuple3:',tuple3) # 它不是元组
print('tuple4:',tuple4)
print(oneCompany)
#tuple3[2]=' 京东物流 '    # 如果想把申通修改为京东物流，将会报错，因为元组
不允许被修改。
```

结果如下：

```
tuple0: ()
tuple1: (' 淘宝 ', ' 天猫 ')
tuple2: (40,)
tuple3: 40
tuple4: (' 顺丰 ', ' 中通 ', ' 申通 ', ' 邮政 ')
申通
```

因为元组有很多操作与列表相似，这里不再重复举例说明。

小提示

列表的功能虽然强大，但是它的负担也很重，在很大程度上影响了运行效率。有时并不需要那么多功能，希望使用一个轻量级的列表，元组就可以达到要求。Python 的内部实现对元组做了大量优化，访问速度比列表更快。比如定义了一系列常量，主要用途是对它们进行遍历或者其他类型用途，这时可以建议使用元组而不是列表。元组的内部在实现上不允许修改其元素值，从而代码更加安全。

### 2. 列表与元组的相互转换

有时候需要对列表和元组进行相互转换，怎样可以快速实现呢？

【范例 5-23】　列表与元组的相互转换

使用 list 函数可以把元组转换成列表，使用 tuple 函数可以把列表转换成元组。

```
list1=list('Python 语言 ') # 使用 list（），直接把字符串转换为一个列表
print(list1)

tuple1=tuple(list1)    # 直接使用 tuple（），把列表转换为一个元组
print(tuple1)

tuple2=(' 广东 ',' 山东 ',' 湖南 ',' 湖北 ')
list2=list(tuple2)    # 直接使用 list()，把元组转换为列表
print(list2)
```

结果如下：

```
['P', 'y', 't', 'h', 'o', 'n', ' 语 ', ' 言 ']
('P', 'y', 't', 'h', 'o', 'n', ' 语 ', ' 言 ')
[' 广东 ', ' 山东 ', ' 湖南 ', ' 湖北 ']
```

## 5.4　集合的应用

### 1. 集合的定义

集合（set）是无序的可变的序列，使用一对大括号"{ }"为定界符，元素之间使用逗号分隔，同一个集合内的每个元素都是唯一的。集合元素之间不允许重复。

【范例 5-24】　使用 set() 将其他类型转换为集合

可以使用大括号 { } 或者 set() 函数创建集合，注意：创建一个空集合必须用 set() 而不是 { }，因为 { } 是用来创建一个空字典的。

可以利用 set() 对已有列表、字符串、元组或字典的内容来创建集合，其中重复的值会被丢弃。

```
set1=set()                          #定义一个空集合
setDegree={'博士','硕士','学士','博士'}
                                    #定义一个学位的集合，虽然博士重复定义了，但是
                                    它会自动去除重复项
setSchool={'大学','高中','初中','小学','幼儿园'}
                                    #定义一个学校的集合，就直接赋值
setWord=set('chinese')              #把字符串转换为集合，重复值会自动去除
setSubject=set(['语文','数学','英语'])
                                    #把一个列表转换为集合
setStudent=set({'name':'张小红','age':'30'})
                                    #把字典转换为集合,只对字典的key转换
setMoney=set(('美元','人民币','日元','欧元'))
                                    #把一个元组转换为集合


print("set1:",set1)
print("setDegree:",setDegree)
print("setSchool:",setSchool)
print("setWord:",setWord)
print("setSubject:",setSubject)
print("setStudent:",setStudent)
print("setMoney:",setMoney)
```

结果如下：

```
set1: set()
setDegree: {'硕士','博士','学士'}
setSchool: {'小学','幼儿园','高中','大学','初中'}
setWord: {'h', 's', 'c', 'i', 'e', 'n'}
setSubject: {'数学','语文','英语'}
setStudent: {'age', 'name'}
setMoney: {'美元','日元','人民币','欧元'}
```

### 2. 集合的运算

集合的运算包括交集、并集、补集、子集、超集的运算。集合的运算在中学的数学中已经有介绍，这里不介绍它的数学定义。下面是数学符号和 Python 符号的对应关系，见表 5-3。

表 5-3 集合运算中数学符号和 Python 符号的对应关系

| 序号 | 数学符号 | Python 符号 | 含义 |
| --- | --- | --- | --- |
| 1 | – 或 \ | – | 差集，相对补集 |
| 2 | ∩ | & | 交集 |
| 3 | ∪ | \| | 并集 |
| 4 | ≠ | ! = | 不等于 |
| 5 | = | == | 等于 |
| 6 | | > | 超集，也有的称为父集 |
| 7 | | < | 子集 |

【范例 5-25】 集合的运算

有两组学生，第一组学生选修了语文课放在集合 setChinese 中，第二组学生选修了数学课放在集合 setMath 中。但是其中有一些学生既选修了语文也选修了数学，要求快速定位到这些学生的集合运算。

```
setChinese={' 小红 ',' 小军 ',' 小牛 ',' 小果 ',' 陈大山 ',' 小黄 '}
setMath={' 王小海 ',' 陈大山 ',' 刘森林 ',' 小牛 '}
setEnglist={' 王小海 '}
setAll=setChinese | setMath        # 并集
setDiv1=setChinese – setMath       # 差集，请注意求差的顺序，结果是不一样的
setDiv2=setMath – setChinese       # 差集
setAnd=setMath & setChinese        # 交集
setSuper=setMath > setEnglist      # 超集
setSub=setMath < setEnglist        # 子集
```

结果如下：

```
setAll: {' 小黄 ',' 陈大山 ',' 小军 ',' 小果 ',' 王小海 ',' 小红 ',' 刘森林 ',' 小牛 '}
setDiv1: {' 小红 ',' 小军 ',' 小果 ',' 小黄 '}
```

setDiv2: {' 刘森林 ', ' 王小海 '}

setAnd: {' 陈大山 ', ' 小牛 '}

setSuper: True

setSub: False

经分析，超集和子集的运算结果是布尔值 True 和 False。并集是把两个集合相加，并自动去除重复值。差集运算的顺序不同，它的结果也不相同。灵活利用集合的运算可以快速实现一些程序模块，减少代码量。

### 3. 集合的操作方法

集合的操作方法与列表的操作方法有很多相似之处，比如元素的增加、修改、删除、复制等操作，见表 5-4。这里不再举例进行重复说明，读者可以查询本书关于列表的相关范例作为参考。

表 5-4 集合的操作方法

| 序号 | 操作函数 | 描述 |
| --- | --- | --- |
| 1 | s.add() | 为集合添加元素 |
| 2 | s.clear() | 移除集合中的所有元素 |
| 3 | s.copy() | 复制一个集合 |
| 4 | s.pop() | 随机移除元素 |
| 5 | s.remove() | 移除指定元素 |
| 6 | s.update() | 给集合添加元素 |
| 7 | s.discard() | 删除集合中指定的元素 |

它也有专门的求交集、并集、补集、子集、超集的运算函数，见表 5-5。

表 5-5 关于集合运算的操作方法

| 序号 | 操作函数 | 描述 |
| --- | --- | --- |
| 1 | s1.difference(s2) | 返回多个集合的差集，等价的运算符为 − |
| 2 | s1.intersection(s2) | 返回集合的交集，等价的运算符为 & |
| 3 | s1.isdisjoint(s2) | 判断两个集合是否包含相同的元素，如果没有返回 True，否则返回 False |
| 4 | s1.issubset(s2) | 判断指定集合 s1 是否为该方法参数集合 s2 的子集，等价的运算符为 < |
| 5 | s1.issuperset(s2) | 判断该方法的参数集合 s1 是否为指定集合 s2 的超集，等价的运算符为 > |
| 6 | s1.union(s2) | 返回两个集合的并集，等价的运算符为 | |

利用 set1.issuperset(set2) 方法用于检查此 set1 是否为 set2 的超集。它与 issubset() 相反，因为 set1 是 set2 的超集，反过来说就是 set2 是 set1 的子集。set1.issuperset(set2) 等价于 set2.issubset(set1)。

设集合 set1= {1,2,3}, set2 = {3,4}, 表 5-6 是集合运算的一些语法举例。

表 5-6　集合运算的语法举例

| 语法格式 | 功能 | 举例 |
| --- | --- | --- |
| set3 = set1.difference(set2) | 将 set1 中有而 set2 没有的元素给 set3 | >>> set3 = set1.difference(set2)<br>>>> set3<br>{1, 2} |
| set1.difference_update(set2) | 从 set1 中删除与 set2 相同的元素 | >>> set1.difference_update(set2)<br>>>> set1<br>{1, 2} |
| set3 = set1.intersection(set2) | 取 set1 和 set2 的交集给 set3 | >>> set3 = set1.intersection(set2)<br>>>> set3<br>{3} |
| set1.intersection_update(set2) | 取 set1 和 set2 的交集，并更新给 set1 | >>> set1.intersection_update(set2)<br>>>> set1<br>{3} |
| set1.isdisjoint(set2) | 判断 set1 和 set2 是否有交集，有交集返回 False；没有交集返回 True | >>> set1.isdisjoint(set2)<br>False |
| set1.issubset(set2) | 判断 set1 是否是 set2 的子集 | >>> set1.issubset(set2)<br>False |
| set1.issuperset(set2) | 判断 set2 是否是 set1 的子集 | >>> set1.issuperset(set2)<br>True |
| set3 = set1.symmetric_difference(set2) | 取 set1 和 set2 中互不相同的元素给 set3 | >>> set3 = set1.symmetric_difference(set2)<br>>>> set3<br>{1, 2, 4} |
| set1.symmetric_difference_update(set2) | 取 set1 和 set2 中互不相同的元素并更新给 set1 | >>> set1.symmetric_difference_update(set2)<br>>>> set1<br>{1, 2, 4} |
| set3 = set1.union(set2) | 取 set1 和 set2 的并集，赋给 set3 | >>> set3=set1.union(set2)<br>>>> set3<br>{1, 2, 3, 4} |

## 5.5　序列的通用操作

在 Python 中，字符串、列表、元组、集合和字典等序列支持以下几种通用的操作：序列索引、序列切片、序列相加、序列相乘、值比较、对象身份比较、布尔运算、检查元素是否包含在序列中和内置函数等。但比较特殊的是，集合和字典不支持索引、切片、相加和相乘操作。为了更好地理解序列的通用操作，需要认识它们的区别，表 5-7 是它们的一些主要的区别。

表 5-7　list、tuple、set 和 dict 的区别

| 对比 | 分类 | | | |
|---|---|---|---|---|
| | 列表 | 元组 | 集合 | 字典 |
| 英文 | list | tuple | set | dict |
| 可否读写 | 读写 | 只读 | 读写 | 读写 |
| 可否重复 | 是 | 是 | 否 | 是 |
| 存储方式 | 值 | 值 | 键（不能重复） | 键值对（键不能重复） |
| 是否有序 | 有序 | 有序 | 无序 | 无序 |
| 初始化举例 | [1, 'a'] | ('a', 1) | set([1, 'a']) 或 {1,2} | {'a': 1, 'b' :2} |

## 1. 相关的运算符

一些标准类型的运算符主要包括值比较运算符（<、>、<=、>=、==、!=）、对象身份比较符（is、not is）和布尔运算符（and、not、or）。其中 is 和 is not 对比的是两个变量的内存地址；而 == 和 != 对比的是两个变量的值。

【范例 5-26】　一些标准类型运算符

下面以字符串、列表和元组举例。集合与字典的例子请读者自己编写并验证。

```
>>>'apple'<'rice' # 按字符串大小比较
True
>>>[1,2,3]!=[2,4,5] # 列表比较
True
>>>tuple1=('english','chinese') # 定义一个元组，有 2 个元素
>>>tuple2=('math') # 定义一个元组，有 1 个元素
>>>tuple3=tuple1 # 把元组 tuple1 赋值给 tuple3
>>>tuple4=('english','chinese') # 重新命名定义元组 tuple4，内容与 tuple1 一样
>>>tuple1!=tuple2 # 判断是否相等
True
>>>tuple1 is tuple2 # 判断是否相等，按内存地址
False
>>>tuple1==tuple2 # 判断是否相等，按元素的值
False
```

```
>>>tuple1 is tuple3   # 因 tuple3 由 tuple1 直接赋值，内存地址相等，为 True
True
>>>tuple1 == tuple3   # 因 tuple3 由 tuple1 直接赋值，值相等，为 True
True
>>>tuple4 is tuple1   # 因 tuple4 重新定义，内存地址不相等，为 False
False
>>>tuple4==tuple1     # 因 tuple4 由 tuple1 的值相等，为 True
True
```

【范例 5-27】　一些序列运算符

使用 in 和 not in 判断是否包含的关系，使用 + 表示连接或者拼接的关系，使用 * 表示乘的关系（也有的称为复制）。下面以字符串和列表举例。集合与字典的例子请读者自己编写并验证。

```
list1=list('python')
list2=list('java')
word1='p'
list3=['p']
print('list1: ',list1)
print('list2: ',list2)
print(' 字符 p 在 list1 包含关系: ',word1 in list1)
print(' 列表 p 在 list1 包含关系: ',list3 in list1)
```

结果如下：

```
list1: ['p', 'y', 't', 'h', 'o', 'n']
list2: ['j', 'a', 'v', 'a']
字符 p 在 list1 包含关系: True
列表 p 在 list1 包含关系: False
```

## 2. 相关的内置函数

列表类型的一些通用的内置函数，见表5-8。

表5-8　通用的内置函数

| 函数 | 功能 |
| --- | --- |
| len() | 计算序列的长度，即返回序列中包含多少个元素 |
| max() | 找出序列中的最大元素 |
| min() | 找出序列中的最小元素 |
| list() | 将序列转换为列表 |
| str() | 将序列转换为字符串 |
| sum() | 计算元素和。注意，对序列使用 sum() 函数时，做求和操作的必须都是数字，不能是字符或字符串，否则该函数将抛出异常，因为解释器无法判定是要做连接操作（+ 运算符可以连接两个序列）还是做求和操作 |
| sorted() | 对元素进行排序 |
| reversed() | 反向序列中的元素 |
| enumerate() | 将序列组合为一个索引序列，多用在 for 循环中 |
| id() | 计算内存地址 |

其中排序函数 sorted(iterable, cmp=None, key=None, reverse=False) 的参数比较复杂，它的参数说明如下：

1）iterable：需要进行排序的序列（list，tuple, set, map, string）等。

2）cmp：比较函数，一般为回调函数，默认基础类型按值比较，对象成员按照地址比较，返回值 0: 两个数相等，1：第一个数大于第二个数，–1：第一个数小于第二个数。

3）key：用于比较的字段，一般为回调函数，对于复杂的序列，设置用于比较的字段，返回值为比较的字段值。

4）reverse：是否翻转，默认为从小到大的程序，如果设置成 True，则排序为从大到小。

【范例5-28】　序列的内置函数

下面以字符串和列表举例。其他序列的例子请读者自己编写并验证。

```
list1=list(' 编程语言 ')    # 直接把字符串转换为列表
list2=list('123974')        # 它的元素是字符
list3=[1,2,3,9,7,4]          # 它的元素是数字
print("list1:",list1)
print("list2:",list2)
print("list3:",list3)
print("list1 的 len:", len(list1))
print("list2 的 max:", max(list2))
print("list2 的 min:", min(list2))
print("list3 的 sum:", sum(list3))


list2.sort()                        # 从小到大排序
print("list2 从小到大排序后 :",list2)
list2.sort(reverse=True)            # 反向排序
print("list2 从大到小排序后 :",list2)
print("list1 反向序列后 :",list(reversed(list1)))  # 反向序列,它需要重新放在 list()
函数中
print("list1 生成索引序列后 :",list(enumerate(list1,100))) # 生成索引序列, 并从 100
开始索引 , 它需要重新放在 list() 函数中
print("list2 的 id:",id(list2)) # 每台计算机运行的值都不一样
```

结果如下:

```
list1: [' 编 ', ' 程 ', ' 语 ', ' 言 ']
list2: ['1', '2', '3', '9', '7', '4']
list3: [1, 2, 3, 9, 7, 4]
list1 的 len: 4
list2 的 max: 9
list2 的 min: 1
list3 的 sum: 26
list2 从小到大排序后 : ['1', '2', '3', '4', '7', '9']
list2 从大到小排序后 : ['9', '7', '4', '3', '2', '1']
```

list1 反向序列后 : [' 言 ', ' 语 ', ' 程 ', ' 编 ']

list1 生成索引序列后 : [(100, ' 编 '), (101, ' 程 '), (102, ' 语 '), (103, ' 言 ')]

list2 的 id: 28624008

## 案例 1——英文词频统计

### 案例描述

对英文小说《哈利波特与魔法石》( 或者其他英文长篇文本 ) 进行词频统计，并显示词频出现最多的前 20 个词。

### 案例分析

1）获取文件数据，正确读取。

2）处理数据进行简单统计。

3）根据要求输出最终内容。

它用到的技术点有以下几方面：文件读取方法 open() 和 read()；字符串的 lower()、repalce()、split()；集合 set 的定义；for 循环和列表的综合应用；字典的 get() 和 items() 方法；列表的 sort() 排序方法等。

### 实施步骤

新建 Python 文件 "EnglishWordFrequency.py"，并把英文小说《哈利波特与魔法石》的文本 "HarryPotter.txt" 放在同一个目录中。英文小说《哈利波特与魔法石》的文本可以自行查找。

```
#EnglishWordFrequency.py
# 对英文小说《哈利波特与魔法石》进行词频统计

welcomeTxt = ''
```

```python
welcomeTxt += '\n========= 英文词频统计 =========\n'
welcomeTxt += ' 书名:《哈利波特与魔法石》\n'
welcomeTxt += ' 要求：取出最高词频 20 个 \n'
welcomeTxt += '=========V1.0 小蓝制作 ========\n'
print(welcomeTxt)


#1. 调用 " 英文文章预处理 " 函数
article = open('HarryPotter.txt').read()  # 读取文件
article = article.lower()  # 大写字母转换成小写字母
for ch in '!"@#$%^&*()+,-./:;<=>?@[\\]_`~{|}':  # 替换特殊字符
    article.replace(ch, ' ')


#2. 生成单词列表
listWords = article.split()  # 以空格为分隔符进行分割，生成单词列表


#3. 遍历列表词频统计
dictEnglishBook = {}
for word in listWords:
    dictEnglishBook[word] =dictEnglishBook.get(word, 0) + 1


#4. 排除语法型词汇
otherword = {'and','the','with','in','by','its','for','of','an', 'to','a','was','is','--','you',
'are','it','his', 'he','i','his','her'}  # 可以根据项目要求，增减单词
    for i in otherword:
        del(dictEnglishBook[i])


#5. 对词频进行排序
listEnglishBook = list(dictEnglishBook.items())  # 转化成列表的形式
listEnglishBook.sort(key = lambda x:x[1], reverse = True)  # 按次数从大到小排序
```

```
#6. 输出最高词频
for i in range(20):
    word,count=listEnglishBook[i]
    print('{0:<10}{1:>10}'.format(word, count))
```

**调试结果**

直接在文件夹路径中双击"EnglishWordFrequency.py"文件即可调用，结果如图 5-5 所示。从分析得知 harry 出现了 903 次，had 出现了 695 次，还有一些 at、on、as、be 等意义不太强的单词。读者可以根据情况将它们加入到排除单词库中。

```
C:\Windows\py.exe                         —    □    ×

==========英文词频统计==========
书名：《哈利波特与魔法石》
要求：取出最高词频20个
==========V1.0 小蓝制作=========

harry            903
had              695
said             660
at               622
they             578
on               561
that             528
```

图 5-5 英文词频统计程序运行结果

# 试一试

1）加入更多的排除单词。

2）换一个其他英文文章或者小说。

3）查询词频最少的20个单词。

## 案例2——抽奖券号码生成器

**案例描述**

　　参照表 5-9 的要求，为每一家企业生成指定数量的奖券号码，每个号码不能重复，每个奖券号对应一个 6 位数的密码，密码由纯数字组成。奖券号码中的每四位数字用"–"分隔连接。生成号码后，再交给第三方并让第三方通过其他技术打印到纸质奖券上。

表 5-9　三种银行卡号

| 企业名称 | 位数 | 起始特征号 | 张数 |
|---|---|---|---|
| 喜洋洋公司 | 16 | 622525 | 100 张 |
| 大树老茶公司 | 16 | 703253 | 150 张 |
| 绿化环保公司 | 16 | 322897 | 80 张 |

**案例分析**

　　1）把各个企业的起始特征号和数量存入字典中，以便程序调用。

　　2）奖券号码和密码随机生成。字典赋值规则：key 为奖券号码，value 为密码。

　　3）已经生成的奖券号码打印显示。

它主要用的技术要点：for 遍历字典的 items()；随机函数 random.randrange() 的使用；字符串类型的转换 str()；字符的切片操作 [m:n]。

**实施步骤**

新建 Python 文件"LuckyNumber.py"，使用随机数，需要先引用 random 库。

```
import random # 使用随机数，需要引入 random 库
#1. 初始化字典
dictLuckyNumber={}  # 定义空白字典
```

```
dictLuckyBIN={'622525':100,'703253':150,'322897':80} # 奖券的起始特征号字典，
按需要设定

#2. 奖券号码和密码随机生成
for LuckyBIN,LuckyCount in dictLuckyBIN.items():
    i = 0 # 每种卡数量的计算值
    for i in range(0,LuckyCount): #LuckyCount 是多少张卡号
        number=random.randrange(1000000000000000, 9999999999999999, 1234) # 卡
号一共有 16 位，减去 6 位起始特征号，还有 12 位。起始数字可以自定义，step 步
长 1234 也可自定义
        password=random.randrange(111111, 999999, 12) # 6 位密码
        number=str(number) # 把数字转换为字符，以便下面的切片操作
        number=str(LuckyBIN)+number # 把起始特征号放在前面，把 2 个字符串拼接
在一起
        LuckyNumber=number[0:4]+'-'+number[4:8]+'-'+number[8:12]+'-'+number[12:16]
# 构造成正式的卡号，每 4 个字符加一个分隔符号
        dictLuckyNumber[LuckyNumber]=password # 字典赋值，key 为奖券卡号，
value 为密码
        i=i+1
    print(' 奖券的起始特征号段 ',LuckyBIN,' 已经生成的奖券卡数量: ',i)
#3. 号码打印显示
print() # 输出一个空行
k=1 # 检查奖券卡总数的计数标志，这是初始值
for temp in dictLuckyNumber.items():
    print(' 第 {} 个卡号是 {}'.format(k,temp))
    k=k+1


input() # 让程序停顿，不会自动一闪而关闭。
```

第一层 for 循环，遍历字典 items() 值，把 BIN 码和数量取出。

第二层 for 循环，构造一个 range 的范围。结合 random.randrange ([start,] stop [,step]) 生成随机数量。奖券号码一共 16 位，减去前面的 6 位 bin 码，余下 12 位需

要随机生成。随机数的 start 值、end 值和 step 值都按需指定，只要符合相应的长度即可。

random.randrange(1000000000000000, 9999999999999999, 1234) # 卡号一共有 16 位，减去 6 位 bin 号，还有 12 位。起始数字可以自定义，step 步长也可自定义。

对于生成的奖券卡号，再通过一个 for 循环，遍历字典 items() 值，把生成结果显示出来。

**调试结果**

直接在文件夹路径中双击 "LuckyNumber.py" 文件即可调用，结果如图 5-6 所示。程序已经按要求批量生成奖券卡号，用时不到 1 秒，非常高效。

```
C:\Windows\py.exe                                        —   □   ×
奖券的起始特征号段 622525 已经生成的奖券卡数量：100
奖券的起始特征号段 703253 已经生成的奖券卡数量：150
奖券的起始特征号段 322897 已经生成的奖券卡数量：80

第1个卡号是（'6225-2565-0946-0321', 349815）
第2个卡号是（'6225-2521-1002-1871', 492423）
第3个卡号是（'6225-2512-9040-1230', 206919）
第4个卡号是（'6225-2536-8127-1516', 941835）
第5个卡号是（'6225-2520-2640-9831', 892851）
第6个卡号是（'6225-2535-6115-0686', 523191）
第7个卡号是（'6225-2538-4631-8893', 764583）
第8个卡号是（'6225-2547-6336-9288', 178995）
第9个卡号是（'6225-2530-9933-0579', 412875）
第10个卡号是（'6225-2566-9054-9907', 452355）
```

图 5-6　卡号生成器运行结果

## 试一试

1）如何满足有些卡号的长度为16位或者19位混合的要求呢？

2）如何保存每张卡片有效期这一数据呢？

## 本章小结

本章主要介绍了列表、字典、元组和集合的应用。其中，列表主要介绍了列表的定义与索引访问、列表的切片、列表的操作方法、列表与字符串的相互转换、列表元素的遍历等知识；字典主要介绍了字典的定义和赋值、字典的操作方法、字典元素的遍历、字典与列表相互转换的方法等知识；元组主要介绍了元组的定义，列表与元组的相互转换等知识；集合主要介绍了集合的定义、集合的运算和集合的操作方法等知识。结合"英文词频统计"和"抽奖券号码生成器"项目，让读者进一步掌握序列结构的应用。

## 习 题

### 一、单项选择题

1）已知列表 x=[1，2，3]，那么执行语句 x.insert（1，4）后，x 的值为（　　　）。

A. [1，4，2，3]　　　　　　　　　　B. [1，4，2]

C. [1，2，3，4]　　　　　　　　　　D. [1，1，4，2，3]

2）关于 Python 组合数据类型，以下选项中描述错误的是（　　　）。

A. tuple 类型的元素不可以进行"追加"操作

B. list 类型的元素可以修改

C. tuple 类型的元素不可修改

D. Python 的 set、tuple 和 list 类型都属于序列类型

3）下列数据中属于列表的是（　　　）。

A. (198，"Python"，18.5，−5.6)　　　　B. 198，"Python"，18.5，−5.6

C. {198，"Python"，18.5，−5.6}　　　　D. [198，"Python"，18.5，−5.6]

4）以下关于字典类型的描述，正确的是（　　　）。

A. 字典类型可迭代，即字典的值还可以是字典类型的对象

B. 表达式 forxmd: 中，假设 d 是字典，则 x 是字典中的键值对

C. 字典类型的键可以是列表和其他数据类型

D. 字典类型的值可以是任意数据类型的对象

5）以下关于字典类型的描述，错误的是（　　　）。

A. 字典类型是一种无序的对象集合，通过键来存取

B. 字典类型可以在原来的变量上增加或缩短

C. 字典类型中的数据可以进行分片和合并操作

D. 字典类型可以包含列表和其他数据类型，支持嵌套的字典

## 二、操作题

1）完成列表的以下基本操作：

① 创建一个空列表，命名为 studentlists，往里面添加 Lily、Bob、Jack、xiaohong、Luxi 和 Tom 元素。

② 往 studentlists 列表里 Tom 前面插入一个 Blue。

③ 把 studentlists 列表中 xiaohong 的名字改成中文"小红"。

④ 往 studentlists 列表中 Bob 后面插入一个子列表 ["oldboy","oldgirl"]。

⑤ 返回 studentlists 列表中 Tom 的索引值（下标）。

⑥ 创建新列表 [1,9,3,4,9,5,6,9,0]，合并到 studentlists 列表中。

⑦ 取出 studentlists 列表中索引 4~7 的元素。

⑧ 取出 studentlists 列表中索引 2~10 的元素，步长为 2。

⑨ 取出 studentlists 列表中最后 3 个元素。

⑩ 循环 studentlists 列表，打印每个元素的索引值和元素。

⑪ 循环 studentlists 列表，打印每个元素的索引值和元素，当索引值为偶数时，把对应的元素改成 –1。

⑫ studentlists 列表里有 3 个 9，请返回第二个 2 的索引值。

2）判断季节问题。要求用户输入月份，判断这个月是哪个季节。规则要求：3、4、5 月为春季，6、7、8 月为夏季，9、10、11 月为秋季，12、1、2 月为冬季。请分别用列表、字典两种方法完成。

3）利用下画线将列表的每一个元素拼接成字符串，li = ['python', 'code', 'word']。

4）程序读入一个表示星期几的数字（1~7），输出对应的星期字符串名称。例如，输入 3，返回"星期三"。请分别用列表、字典两种方法完成。

5）英文字符频率统计。编写一个程序，对给定字符串中出现的 a~z 字母频率进行分析，忽略大小写，采用降序方式输出。

6）随机密码生成。编写程序，在 26 个字母大小写和 9 个数字组成的列表中随机生成 10 个 6 位密码。

7）参照表5-10的要求，为每一种银行卡生成指定数量的号码，每个号码不能重复，每个卡号对应一个6位数的密码，密码由纯数字组成。卡号中的每四位数字用"-"分隔连接。

表 5-10　三种银行卡号

| 银行名称 | 位数 | 前6号 | 张数 |
| --- | --- | --- | --- |
| A 银行 | 16 | 622525 | 100 张 |
| B 银行 | 16 | 622538 | 150 张 |
| C 银行 | 16 | 622575 | 80 张 |

# Chapter 6

## 第6章
## 函数的应用

生活中，人们经常需要注册账号，有没有想过自己也开发一个小程序来模拟实现注册账号呢？手机的应用非常普及了，特别是社交软件是人们每天必看的一类。在当今的信息化社会中，信息安全显得尤为重要，如何为自己的信息加上一套密码呢？

对于上面的这些问题，本章将给出一些思路，希望读者能从本章的学习中得到一些收获。本章将着重学习Python中有关函数的应用知识。

### 学习目标

1）学会Python函数的基本概念。

2）掌握Python自定义函数的创建和调用。

3）掌握函数参数的传递方式。

4）学会lambda函数的使用。

5）了解局部变量和全局变量的区别和使用。

6）掌握global语句的使用。

7）掌握使用try-except-else-finally进行异常处理。

8）学会Python函数的递归应用。

9）掌握Python内置常用函数的使用。

思维导图

思维导图如图 6-1 所示。

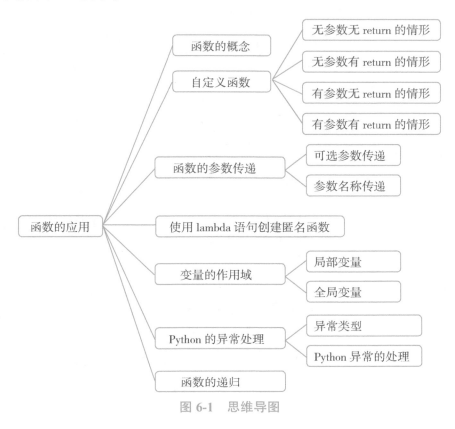

图 6-1　思维导图

## 6.1 函数的概念

函数是组织好的可重复使用的用来实现单一或某些相关联功能的代码段。函数（Function）即功能的意思。函数的核心就是功能，不同的函数可以实现不同的功能。例如，可以用一个函数实现累加的功能，也可以用一个函数实现文件处理的功能等。

Python 中的函数分为系统函数和自定函数两类。系统自带的函数功能是系统已经写好的，之前已经使用了 Python 提供的一些内置函数，比如 print()、len() 等，如下：

```
str = "helloPython"
print len(str)    # 调用 len() 函数
```

输出结果：

11

在 Python 中提供了非常强大的系统内置函数给大家使用，学会使用系统函数，可以大大提高编程效率，这些函数不需要大家编写，只需要直接拿来使用就能完成强大的功能。表 6-1 中列出了一些常见的系统函数及使用方法。

表 6-1　常用的系统函数及使用方法

| 函数名 | 函数说明 | 使用例子 | 结果 |
| --- | --- | --- | --- |
| abs() | abs() 函数返回数字的绝对值 | abs(−10) | 10 |
| min() | min() 方法返回给定参数的最小值，参数可以为序列 | min(80, 100, 1000) | 80 |
| sorted() | sorted() 函数对所有可迭代的对象进行排序操作 | sorted([5, 2, 3, 1, 4]) | [1,2,3,4,5] |
| input() | input() 函数接受一个标准输入数据，返回为 string 类型 | a=input(" 请输入： ") | 请输入：1 |
| eval() | eval() 函数用来执行一个字符串表达式，并返回表达式的值 | eval('2 + 2') | 4 |
| int() | int() 函数用于将一个字符串或数字转换为整型 | int(3.6) | 3 |
| open() | open() 函数用于打开一个文件，并返回文件对象 | open('test.txt') | 打开 test.txt |
| sum() | sum() 方法对序列进行求和计算 | sum([0,1,2]) | 3 |
| max() | max() 方法返回给定参数的最大值，参数可以为序列 | max(80, 100, 1000) | 1000 |
| chr() | 函数 chr() 返回一个在 range(256) 内的整数对应的字符 | chr(65) | A |
| round() | round() 方法返回浮点数 x 的四舍五入值 | round(56.659,1) | 56.7 |
| ord() | 函数 ord() 返回字符参数对应的 ASCII 值 | ord('a') | 97 |

## 6.2 自定义函数

有很多想要实现的功能，Python 的系统函数是没有提供的。那么可以自己创建函数，叫作用户自定义函数。函数能提高应用的模块性和代码的重复利用率。函数可以在一个程序中的多个位置使用，也可以用于多个程序，当需要修改时，只需修改函数，所以自由度高，灵活度高，减少了代码的行数和程序维护的难度。

要想使用自定义函数，那就需要先定义该函数，自定义函数的语法格式如下：

```
def < 函数名 >(< 参数列表 >):
    < 函数体 >
    return < 返回值列表 >
```

函数名可以是任何有效的 Python 标识符。参数列表是调用该函数时传递给它的值，自定义函数中，参数可以有，也可以没有，具体有没有、有多少个参数，需要根据实际需要来设置，参数列表中的参数用半角逗号 "," 隔开。return 语句用来返回函数执行结果到调用函数的位置。函数可以有 return 语句，也可以没有，可以返回 0 个值，也可以返回多个值，具体根据实际需要。

定义好函数后，使用此函数时，需要调用此函数。在 Python 中，函数调用的语法格式如下：

> 函数名 (< 实际赋值参数列表 >)

调用函数时，提供的参数列表的值对应着该函数定义的参数列表，实现对数据的处理；执行函数后得到相应的处理结果。如果函数无参数列表，则调用时不需要提供参数值。

下面从以下几种情形具体来学习一下如何使用自定义函数。

## 1. 无参数无 return 的情形

**【范例 6-1】** 定义输出学生个人信息函数及其调用

这是一个自定义名为 infomation 的函数，用于打印输出学生个人信息。

```python
def infomation():
    print("*********** 学生个人信息 ***********")
    print(" 学校：")
    print(" 班级：")
    print(" 姓名：")
    print(" 性别：")
    print(" 年龄：")
    print(" 联系地址：")


infomation()  # 调用函数
```

运行结果如下：

```
*********** 学生个人信息 ***********
学校：
班级：
姓名：
```

性别：

年龄：

联系地址：

### 2. 无参数有 return 的情形

return 语句用于退出函数，向调用方返回一个表达式。

return 在不带参数的情况下（或者没有写 return 语句），默认返回 None。None 是一个特殊的值，它的数据类型是 NoneType。它只有一个取值 None。它不支持任何运算也没有任何内建方法，与任何其他的数据类型比较是否相等时永远返回 false，也可以将 None 赋值给任何变量。

如果有必要，可以显式调用 return None，可以简写 return。当函数没有显式 return 时，默认返回 None 值。如果函数执行了 return 语句，函数就会返回，当前被执行的 return 语句之后的其他语句就不会被执行了。如上面范例 6-1 中，在函数最后存在着隐式 return 语句。

**【范例 6-2】** 定义具有 return 值的函数及其调用

如果把范例 6-1 稍微修改一下，在函数内部插入一条 return 语句，如下。

```
def infomation():
    txt="*********** 学生个人信息 ***********\n"
    txt+=" 学校：\n" #字义了一个变量 txt，然后连接起来
    txt+=" 班级：\n"
    txt+=" 姓名：\n"
    return txt #返回函数的运算结果或者值
    txt+=" 性别：\n"
    txt+=" 年龄：\n"
    txt+=" 联系地址：\n"
```

调用此函数。

```
    txt2=infomation() #因为函数返回为一个字符串，把它的返回值保存在一个变量
txt2 中
    print(txt2)
```

运行结果如下：

```
*********** 学生个人信息 ************
学校：
班级：
姓名：
```

可以发现执行到 return 语句时，会退出函数，return 语句后面的信息将不会被执行。同时 return 后面的变量，会作为函数的返回值。

### 3. 有参数无 return 的情形

在 Python 的函数中，无参数函数虽然能实现一定的功能，但不能在调用函数的时候与函数体进行数据的交互，所以具有局限性。而在实际开发过程中，往往需要经常进行数据交互，传递不同的数据，得到不同的结果。因此就需要调用函数的时候传递相关的参数。函数的参数分为形参和实参，形参主要是函数定义的时候出现，而实参一般出现在函数调用的时候。

下面先来了解一下什么是形参，什么是实参。

形参全称为"形式参数"，是在定义函数名和函数体的时候使用的参数，目的是用来接收调用该函数时传递的参数。仅仅是形式上的参数，表明一个函数里面哪个位置有哪个参数而已，不代表具体的值。

实参全称为"实际参数"，是一个实际存在的参数，可以是字符串或是数字等。一般出现在函数调用的时候，需要传递具体的值。如下面例子代码所示。

```
    def f(m):        # 定义函数 f()，m 为形参
      print(m)


    n=10
    f(n)    # 调用自定义函数 f() n 为实参，对应着 m
```

运行结果如下：

10

下面将针对范例 6-1 稍作修改。使它能进行数据交互，传递不同的数据，得到不同的结果。

【范例 6-3】 有学生个人信息参数的函数及其调用

这是一个自定义名为 infomation 的函数，定义了六个形参。

```
def infomation(school,classname,name,sex,age,address):    # 六个形参
    print("*********** 学生个人信息 ***********")
    print(" 学校: "+school)
    print(" 班级: "+classname)
    print(" 姓名: "+name)
    print(" 性别: "+sex)
    print(" 年龄: "+age)
    print(" 联系地址: "+address)


# 调用该函数，定义六个实参
infomation(" 广东省 # 学校 ","20 信息 1"," 刘伟 "," 男 ","15"," 广东省 # 市 # 区 # 街道 # 号 ")
```

运行结果如下：

```
# 调用函数  六个实参
*********** 学生个人信息 ***********
学校: 广东省 # 学校
班级: 20 信息 1
姓名: 刘伟
性别: 男
年龄: 15
联系地址: 广东省 # 市 # 区 # 街道 # 号
```

参数传递具体的知识内容在后面将会详细学习。

**4. 有参数有 return 的情形**

【范例6-4】 自定义两数相加函数及其调用

本范例定义了一个简单的两位数加法，输入第一个加数和第二个加数，返回和。

```
def sum(m,n):  #定义
  s=m+n
  return s


print(sum(2,3))  #调用该函数
```

运行结果如下：

```
5
```

此范例中，使用 return 语句把 s 的值返回到调用函数的位置，使用 print 函数将该返回值打印输出。

在 Python 中，函数也是有类型的，具体为 function 类型，这是一种内置类型。函数采用其自定义的名字表达，如果调用该函数，则类型为返回值的类型。

## 6.3 函数的参数传递

形参和实参是如何进行数据交互的呢？下边来学习一下参数传递的过程。如上面范例 6-4 所示，调用函数 sum()，实参为 2 和 3，把 2 传递给对应的形参 m，把 3 传递给对应的形参 n。替换后，根据函数体进行相应的运算。以上这种是最为基础的传递方式。下面再学习两种常见的传递方式。

**1. 可选参数传递**

函数的参数在定义时，可以指定默认值，当函数被调用时，如果没有传入对应的参数值，则使用函数定义时的默认值替代。函数定义时的语法格式如下：

```
def < 函数名 >(< 非可选参数列表 >,< 可选参数 >=< 默认值 >):
    < 函数体 >
    return < 返回值列表 >
```

下面来看看范例 6-5。

【范例 6-5】 赋值传递参数

本自定义函数 f() 中有两个形参，分别是 x、y，其中对 y 进行了默认赋值为 10。

```
def f(x,y=10):
    print(x)
    print(y)
f(1)
f(1,2)
```

运行结果如下：

```
1
10
1
2
```

从结果可以看出，在第一次调用该函数的时候，只给了该函数一个实参 1，按照语法规定，1 对应形参 x，因此执行后输出 1、10。在第二次调用该函数的时候，给了该函数两个实参，1 和 2，按照语法规定，分别对应形参 x 和 y，y 为实参的值 2，而不是定义中的 10，因此执行后输出 1、2。

特别注意的是，在自定义函数 f() 中，形参 x 是没有赋值的，因此在调用该函数时，须至少有一个实参给予形参 x，否则会出错。由于自定义函数 f() 中，对形参 y 进行了赋值 10，因此在调用时，可以省略第二个参数。

### 2. 参数名称传递

在 Python 中，在调用函数时除了以上参数赋值以外，还可以通过指明参数的名字直接给参数赋值，这种调用方式称为参数名称传递，也有的称关键参数传递。在使用这种方式时，允许函数参数的调用顺序与定义的时候不一致。下面具体来学习一下参数名称传递。

【范例6-6】　产品供应信息输出——参数名称传递

本范例中的 productname=" 计算机 cpu" 是一个默认参数。请观察它的参数是如何传递的。

```
def product(amount,productname=" 计算机 cpu"):
    print("*********** 产品生产信息 ***********")
    print(" 产品名称: "+productname)
    print(" 数量: "+amount)


product(amount="200")
product(productname=" 内存 ",amount="100")
```

运行结果如下：

```
*********** 产品生产信息 ***********
产品名称: 计算机 cpu
数量: 200
*********** 产品生产信息 ***********
产品名称: 内存
数量: 100
```

在这个范例中，可以看出，调用函数时如果实参指定了具体的形参名字，那么实参的位置并不需要和形参位置一致。但也要注意一点，在使用关键参数调用函数时，不能造成参数冲突，例如，有的函数有多个形参，在调用函数时使用参数名赋予某参数具体的值，假如又在该参数对应的位置上写入了其他值，在调用函数后就会报错，因为造成了冲突报错，这种情况一定要注意避免发生。

## 小提示

形参全称是形式参数，在用 def 关键字定义函数时函数名后面括号里的变量称为形式参数。实参全称为实际参数，在调用函数时提供的值或者变量称为实际参数。

## 6.4 使用 lambda 语句创建匿名函数

Python 使用 lambda 语句来创建匿名函数。lambda 只是一个表达式，函数体比 def 简单很多。lambda 的主体是一个表达式，而不是一个代码块。仅仅能在 lambda 表达式中封装有限的逻辑进去。lambda 函数拥有自己的命名空间，且不能访问自有参数列表之外或全局命名空间里的参数。

lambda 函数的语法只包含一个语句，lambda 函数的语法格式如下：

< 函数名 >=lambda  < 参数列表 >:< 表达式 >

创建好匿名函数后，可以使用匿名函数传递相应的参数，通过 lambda 表达式进行相应的计算，最后返回结果给该函数。

比如有以下一个运算公式：

y=x+1

可以使用 lambda 语句创建匿名函数来实现对公式的计算。

【范例 6-7】 lambda 语句创建匿名函数

```
f=lambda x:x+1
print(f(10))
```

运行结果如下：

```
11
```

通过此例子说明，lambda 语句的使用适合简单的表达式定义函数，冒号 ":" 后边接着这个表达式正是需要运行的计算表达式，它的结果赋值给函数名。当调用时，传递对应的参数，从而获取结果。

下面的范例 6-8 是多个参数的应用。大家知道汽车的平均时速公式为：

v=s/t （s 代表路程，单位为千米；t 代表时间，单位为时）。

**【范例 6-8】** 计算汽车的平均时速——创建多个参数的匿名函数

```
f=lambda s,t:s/t
print(f(100,4))
```

运行结果如下：

```
25
```

上面的范例 6-8 中调用 f 时，传递了参数 100 和 4，分别对应 s 和 t。计算并返回 s 和 t 的商，最后输出。

## 小提示

1）在 Python 中有两种函数，一种是 def 定义的函数，另一种是 lambda 函数，也就是大家常说的匿名函数。

2）用 lambda 函数的好处：减少了代码的冗余；不用费神地去命名一个函数的名字，可以快速实现某项功能；lambda 函数使代码的可读性更强，程序看起来更加简洁。

## 6.5 变量的作用域

一个程序中所有的变量并不是在哪个位置都可以访问或作用的。访问权限决定于这个变量是在哪里声明。当声明了一个变量后，该变量就有了作用范围，这个作用范围也称为作用域。根据程序中变量所在的位置和作用范围，变量分为局部变量和全局变量。

### 1. 局部变量

局部变量是作用范围在某个程序片段的变量，不是作用于整个程序过程中。在 Python 中，局部变量可以说就是指函数内部定义的变量，仅在函数内部作用，当函数退出时，变量将不存在。

下面的范例 6-9 是多个参数的应用。

【范例 6-9】　局部变量

```
def sum(m,n):
 s=m+n
 print (" 函数内部是局部变量 ",s)
sum(1,2)
print (s)
```

运行结果如下：

```
函数内部是局部变量 3
<built-in function s>
```

通过上例可以看到，s 是在函数内部声明赋值的，调用函数 sum() 时，执行内部代码正常输出了 s 的值，当退出调用函数后，变量 s 将不存在，因此最后一行代码无法执行，显示 "<built-in function s>"，提示 s 是在函数内部作用。

### 2. 全局变量

全局变量指在函数外定义的变量，在整个程序执行过程中有效。有一点需要特别注意的是，全局变量如若要在函数内部使用，须在函数内部先用关键字 global 声明。使用 global 声明的语法格式如下：

```
global < 全局变量 >
```

该变量必须与外部全局变量同名。如果在函数内部未使用 global 来声明，即使该变量与外部变量名称一致，也不是全局变量。

【范例 6-10】 全局变量

```
s=10
def f(x,y):
    global s
    s=x+y
    print(s)
f (3,4)
print(s)
```

运行结果如下:

```
7
7
```

从运行结果可以看出，s 在自定义函数外赋了初始值 10，是全局变量，在自定义函数中，使用了 global 语句使该全局变量 s 能在函数内使用。进行了 x 和 y 的加法求和赋值给 s 后，s 的值修改了。因此在最后一行执行 print() 函数输出 s 的时候，输出了 7。

## 小提示

1）全局变量和局部变量的区别在于作用域，全局变量在整个 py 文件中声明，全局范围内可以使用；局部变量是在某个函数内部声明的，只能在函数内部使用，如果超出使用范围（函数外部），则会报错。

2）在函数内部，如果局部变量与全局变量变量名一样，则优先调用局部变量。

3）如果想在函数内部改变全局变量，需要在前面加上 global 关键字，在执行函数之后，全局变量值也会改变。

## 6.6 **Python** 的异常处理

实际项目开发过程，程序员通常无法保证可以一次性编写成完美的程序代码。代码出现问题，可以通过一些问题处理机制来防范。例如，可以在可能出现问题的代码段的位置进行相应的处理，当程序运行到此处时，假如出现异常，应该通过什么代码完成处理等，这就是 Python 的异常处理机制。掌握异常处理了，能把程序代码更加完善。

调试 Python 程序时，经常会报出一些异常，这时就需要根据异常 Traceback 到出错点，进行分析改正；另一方面，有些异常是不可避免的，但可以对异常进行捕获处理，帮助程序员或用户处理相关操作。

### 1. 异常类型

（1）Python 内置异常

Python 的异常处理能力是很强大的，它有很多内置异常，可向用户准确反馈出错信息。在 Python 中，异常也是对象，可对它进行操作。BaseException 是所有内置异常的基类，但用户定义的类并不直接继承 BaseException，所有的异常类都是从 Exception 继承，且都在 Exceptions 模块中定义。Python 自动将所有异常名称放在内建命名空间中，所以程序不必导入 Exceptions 模块即可使用异常。一旦引发而且没有捕捉 SystemExit 异常，程序执行就会终止。

下面在表 6-2 中列出一些常见的内置异常及说明。

表 6-2　常见的内置异常及说明

| 异常名称 | 说明 |
| --- | --- |
| ZeroDivisionError | 除（或取模）零（所有数据类型） |
| NameError | 未声明 / 初始化对象（没有属性） |
| EOFError | 当 input 函数在没有读取任何数据的情况下达到结束条件（EOF）时引发 |
| IndexError | 序列中没有此索引（index） |
| ImportError | 导入模块 / 对象失败 |
| FileNotFoundError | 请求不存在的文件或目录 |
| SyntaxError | Python 语法错误 |
| ValueError | 操作或函数接收到具有正确类型但值不合适的参数 |
| SyntaxWarning | 关于可疑语法警告的基类 |
| TypeError | 操作或函数应用于不适当类型的对象 |

下面将通过范例 6-11 演示内置异常提示信息。

**【范例6-11】** 没try异常检测语句的除法运算器

```
i=input(' 输入被除数：')
j=input(' 输入除数：')
k=int(i)/int(j)
print(k)
```

运行结果如下：

```
输入被除数：10
输入除数：0
Traceback (most recent call last):
  File "D:/PycharmProjects/6/n6-10.py", line 3, in <module>
    k=int(i)/int(j)
ZeroDivisionError: division by zero
```

通过上例发现，第二个数为除数，输入0后，提示了错误报告。异常名为"Zero-DivisionError"，原因是"division by zero"即被除数为0。需要特别注意的是，该异常是在执行程序的时候编译系统才发现的，因为并没有语法上明显的错误，所以在执行前无法发现异常错误。

（2）Python自定义异常

Python内置了许多异常类，当然也可以根据自己的实际需要自定义某个异常，以达到设计目的。自定义异常可以通过直接或间接的继承Exception来定义一个异常类，当然也可以间接继承Python内置的异常类来实现自定义。自定义异常的格式如下：

```
class 自定义异常名（表达式）：
      自定义异常类主体部分
```

有关异常类的定义及使用，涉及第7章面向对象方面的内容，这里暂时不作介绍。

**2.Python异常的处理**

当发生异常时，就需要对异常进行捕获，然后进行相应的处理。Python的异常捕获常用 try…except 结构，这也是最基础的异常处理结构。try…except 结构的语法格式如下：

```
try:
    可能要发生异常，需要异常处理的程序代码
except 异常类型 1 as 异常类型 1 别名：
    发生该异常时处理的代码
except 异常类型 2 as 异常类型 2 别名：
    发生该异常时处理的代码
...
[else:
    <语句> try 语句中没有异常则执行此段代码 ]
```

把可能发生错误的代码语句放在 try 模块里，用 except 来处理异常，每一个 try 都必须至少对应一个 except。其中 else 语句是可选项，根据实际需要使用。与 Python 异常相关的关键字见表 6-3。

表 6-3　与 Python 异常相关的关键字

| 关键字 | 关键字说明 |
| --- | --- |
| try–except | 捕获异常并处理 |
| pass | 忽略异常 |
| as | 定义异常实例（except MyError as e） |
| else | 如果 try 中的语句没有引发异常，则执行 else 中的语句 |
| finally | 无论是否出现异常，都执行的代码 |
| raise | 抛出 / 引发异常 |

范例 6-11 有可能出现除数为 0 的情况，为了防止程序崩溃，可以完善范例 6-12，作出异常处理。

【范例 6-12】　含有 try-except 语句的除法运算器

```
def div(i,j):    # 定义一个除法函数
    try:
        k=i/j
```

```
        return k
    except ZeroDivisionError:
        print(" 除数不能为零！ ")

  print(div(5,10))
  print(div(5,0))
```

运行结果如下：

```
0.5
除数不能为零！
None
```

可以看出，对有可能出现的除数为 0 作了异常处理，捕获到了 ZeroDivisionError 异常之后，输出"除数不能为零！"。

当一段程序出现异常时，就不会继续执行下去，但有时候无论程序有没有发生异常，都希望程序能继续执行下去，这时候，可以使用 try…finally 语句。

try…finally 语句的语法格式如下：

```
  try:
      可能要发生异常，需要异常处理的程序代码
  finally:
      无论是否发生异常，最后都执行的代码
```

当然 finally 语句也可以结合前面所学习的捕获异常及处理语句使用。具体语法格式如下：

```
  try:
      可能要发生异常，需要异常处理的程序代码
  except 异常类型 1 as 异常类型 1 别名：
      发生该异常时处理的代码
```

```
except 异常类型 2 as 异常类型 2 别名 :
    发生该异常时处理的代码
...
finally:
    无论是否发生异常，最后都执行的代码
```

下面来看看 finally 语句的例子：

**【范例 6-13】** 含有 try-finally 语句的除法运算器

```
def div(i,j):   # 定义一个除法函数
    try:
        k=i/j
        return k
    except ZeroDivisionError:
        print(" 除数不能为零！ ")
    finally:
        print("finally 分支在执行 ")
print(div(5,10))
print(div(5,0))
```

运行结果如下：

```
finally 分支在执行
0.5
除数不能为零！
finally 分支在执行
None
```

从运行效果可以知道，无论有没有异常，都要执行 finally 语句中的代码，然后打印输出返回值。如果有异常，则捕获异常，执行异常处理，并输出返回值为 None。

## 6.7 函数的递归

什么叫递归函数？简而言之，函数的递归就是在函数的定义中，函数内部的语句调用函数本身。

举个例子，我们来计算非负整数的阶乘 $n! = 1 \times 2 \times 3 \times \cdots \times n$。简单分析一下：

n!=1              # 当 n=1

n!=1×2=2       # 当 n=2

n!=1×2×3 =6   # 当 n=3

n!=n×(n−1)!     # 当 n>1 时

用函数 f(n) 表示，可以看出：

$f(n) = n! = 1 \times 2 \times 3 \times \cdots \times (n-1) \times n = (n-1)! \times n = f(n-1) \times n$

所以，f(n) 可以表示为 n×f(n−1)，只有当 n=1 时需要特殊处理，其他情况就是 n!=n×(n−1)! 运算。

【范例 6-14】 非负整数的阶乘 n!

```python
#定义
def factorial(n):
  if n==1:
    return 1
  else:
    return n * factorial(n – 1)
#调用
for i in (range(1,10)):
    print(i,"!=",factorial(i))
```

它的运行结果如下：

```
1 != 1
2 != 2
3 != 6
4 != 24
```

```
5 != 120
6 != 720
7 != 5040
8 != 40320
9 != 362880
```

递归函数的作用有点类似循环结构的作用，帮助人们处理一些有规律的事务。递归函数的优点是定义简单。一个函数在它的内部引用自身，并在一定条件下停止函数的调用。这就会实现一个递归的过程。

## 阅读角

### 汉诺塔问题

汉诺塔问题就是递归问题的一个经典案例。

汉诺塔问题源于印度的一个古老传说。相传大梵天创造世界的时候做了三根金刚石柱子，在一根柱子上从下往上按照大小顺序摆着 64 片黄金圆盘。大梵天命令婆罗门把圆盘从下面开始按大小顺序重新摆放在另一根柱子上。并且规定，任何时候，在小圆盘上都不能放大圆盘，且在三根柱子之间一次只能移动一个圆盘，如图 6-2 所示。问应该如何操作？

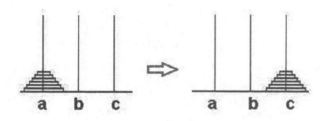

图 6-2　汉诺塔问题

汉诺塔问题的解决思路：可以先假设除 a 柱最下面的盘子之外，已经成功地将 a 柱上面的 63 个盘子移到了 b 柱，这时只要再将最下面的盘子由 a 柱移动到 c 柱即可。

当我们将最大的盘子由 a 柱移到 c 柱后，b 柱上便是余下的 63 个盘子，a 柱为空。因此现在的目标就变成了将这 63 个盘子由 b 柱移到 c 柱。这个问题和原来的问题完全一样，只是由 a 柱换为了 b 柱，规模由 64 变为了 63。因此可以采用相同的方法，先将上面的 62 个盘子由 b 柱移到 a 柱，再将最下面的盘子移到 c 柱。

以此内推，再以 b 柱为辅助，将 a 柱上面的 62 个圆盘最上面的 61 个圆盘移动到 b 柱，并将最后一块圆盘移到 c 柱。

可以发现规律，每次都是以 a 或 b 中一根柱子为辅助，然后先将除了最下面的圆盘之外的其他圆盘移动到辅助柱子上，再将最底下的圆盘移到 c 柱子上，不断重复此过程。

这个反复移动圆盘的过程就是递归，例如每次想解决 n 个圆盘的移动问题，就要先解决（n−1) 个盘子进行同样操作的问题。

## 案例 1——用户注册与验证程序

### 案例描述

模拟一个简单的账号注册功能，并具有验证新账号是否已存在的功能。

### 案例分析

1）使用 list 代替数据库模拟。

2）输入注册账号，调用自定义函数验证注册账号是否已存在。

3）往 list 中添加新的账号。

4）根据要求输出相应注册信息。

它用到的技术点有以下几方面：append() 函数：将新元素追加到列表末尾；自定义函数及调用。

### 实施步骤

新建 Python 文件"register.py"，输入以下代码。

```
#register.py
#模拟一个简单的账号注册功能，并具有验证新账号是否已存在的功能
```

```
names=["steven","lily","sugar","jack"]


# 定义第一个函数
def check(name):
    global names
    j=0                              #j 作为标记作用
    for i in names:
        if name==i:
            print(" 此账号已存在，请重新输入 ")
            break                    # 跳出当前循环
        else:                        # 循环的 else 部分
            j=1
    if j==1:
        names.append(name)
        print(" 注册成功！ ")
        print(" 注册后的所有账号：", names)


# 定义第二个函数，它会调用第一个函数
def register(name):
    check(name)


# 调用函数
name=input(' 请输入新账号：')
print(" 注册前的所有账号：",names)
register(name)
```

**调试结果**

直接在文件夹路径中双击 "register.py" 文件即可调用，输入一个账号后，如果注册成功效果如图 6-3 所示，如果注册失败效果如图 6-4 所示。

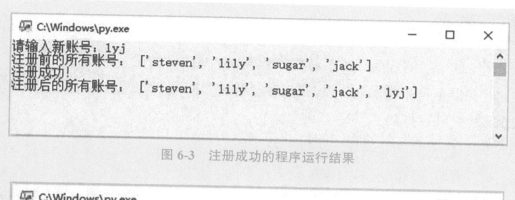

图 6-3 注册成功的程序运行结果

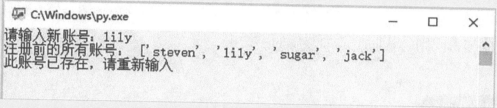

图 6-4 注册失败的程序运行结果

# 试一试

1）这个案例中自定义了两个函数，分别是什么作用？

2）如果增加一个密码放在另一个列表list中，应该如何完善呢？

## 案例2——字符串简单加密

### 案例描述

如今，"国家安全"已拓展到了经济、社会、生态环境、网络等领域。2020 年 1 月 1 日正式进入实施阶段的《中华人民共和国密码法》就与每个人息息相关。

现在就来完成一个简单的对字符进行加密的模拟过程，需要编写一个加密函数 pyencryption()，实现对纯字母字符串 str 的加密操作，并将加密后的字符串输出，加密规则为将字符串中的大小写字母的 ASCII 码值加 4。

希望从这个案例中认识到加密的原理，为日后积极服务"互联网 +"行动计划、智慧城市和大数据战略，在维护国家安全、促进经济社会发展、保护公民、法人和其他组织合法权益方面发挥重要作用。

**案例分析**

1）首先这个案例涉及 ASCII 码中字母与数字对应的知识。

2）需要把字符串中的每一个字母通过函数转换成对应的 ASCII 值并加上 4 后，再通过函数转换回对应的字母。

3）通过 for 语句来完成逐个字母的转换。

4）调用加密函数时，只需要传递需要加密的字符串。

它主要用的技术要点：自定义函数，并在函数内调用系统内置 ASCII 转换函数，用于完成加密规则，从而生成加密后的字符串。

**实施步骤**

新建 Python 文件 "pyencryption.py"，代码如下：

```
def pyencryption(str):
    str1=str
    print(" 加密前的字符串为：")
    print(str1)
    str2=''
    for i in str1:
        str2=str2+(chr(ord(i)+4))  # 函数 ord() 返回字符参数对应的 ASCII 值，函数
                            chr() 返回一个在 range(256) 内的整数对应的字符
    print(" 加密后的字符串为：")
    print(str2)

pyencryption('hello')
```

**调试结果**

直接在文件夹路径中双击 "pyencryption.py" 文件即可调用。效果如图 6-5 所示。

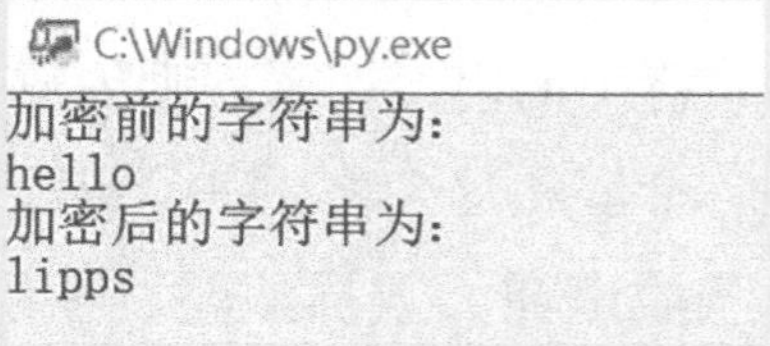

C:\Windows\py.exe

加密前的字符串为：
hello
加密后的字符串为：
lipps

图 6-5　加密后的字符效果

## 试一试

1）请继续完善该程序，要求密码长度最短为6位，最长为20位。

2）请继续完善该程序，要求密码至少包含一个小写字母和一个大写字母。

3）请继续完善该程序，增加解密函数pydecrypt()，实现输出解密后的字符串。

## 本章小结

本章节主要介绍了函数的定义、函数的调用、匿名函数 lambda 的使用、局部变量和全局变量的区别和使用、Python 中如何对异常进行处理、函数递归的使用，最后简单介绍了一些常用的内置函数等。还结合多个案例，让读者进一步掌握函数的应用。

## 习 题

### 一、单项选择题

1）以下选项不是函数作用的是（　　　）。

A. 用代码

B. 强代码可读性

C. 降低编程复杂度

D. 提高代码执行速度

2）下列程序的输出结果为（　　　）。

```
def f(a,b):
  a=4
  return a+b
def main():
  a=5
  b=6
```

```
    print(f(a,b),a+b)
main()
```

A.10 11                          B.10 10

C.11 10                          D.11 11

3）以下关于 Python 函数说法错误的是（          ）。

```
def func(a,b):
  c=a**2+b
  b=a
  return c
a=10
b=100
c=func(a,b)+a
```

A. 执行该函数后，变量 a 的值为 10

B. 执行该函数后，变量 c 的值为 200

C. 该函数名称为 func

D. 执行该函数后，变量 b 的值为 100，c 的值应该为 210

4）以下关于函数调用描述正确的是（          ）。

A. 函数和调用只能发生在同一个文件中

B. 自定义函数调用前必须定义

C. Python 内置函数调用前需要引用相应的库

D. 函数在调用前不需要定义，拿来即用就好

5）以下关于函数说法错误的是（          ）。

A. 函数可以看作是一段具有名字的子程序

B. 函数是一段具有特定功能的、可重用的语句组

C. 对函数的使用必须了解其内部实现原理

D. 函数通过函数名来调用

**二、操作题**

1）编写一个函数，解决以下问题：猴子第 1 天摘了一堆桃子吃了一半又多一个，第 2 天吃了剩下的一半又多一个……第 10 天早上发现只有 1 个桃子了。问第 1 天摘了多少？运行效果如图 6-6 所示。

C:\Windows\py.exe
1534

图 6-6　运行效果 1

2）编写一个函数，解决以下问题：斐波那契数列指的是这样一个数列 0、1、1、2、3、5、8、13，特别指出：第 0 项是 0，第 1 项是第一个 1。从第三项开始，每一项都等于前两项之和。要求程序输入一个正整数 N，最后输出 N 个数列。运行效果如图 6-7 所示。

C:\Windows\py.exe
你需要输出多少个? 20
斐波那契数列:
0，1，1，2，3，5，8，13，21，34，55，89，144，233，377，610，987，1597，2584，4181，

图 6-7　运行效果 2

3）编写一个函数，用于判断输入的一个三位数是否是水仙花数。所谓"水仙花数"是指一个三位数，其各位数字立方和等于该数本身。例如，153 是一个"水仙花数"，因为 $153=1^3+5^3+3^3$。运行效果如图 6-8 所示。

C:\Windows\py.exe
请输入一个三位数：
153
153 是水仙花数

图 6-8　运行效果 3

4）编写一个函数，用于判断输入的两个数的最大公约数。运行效果如图 6-9 所示。

C:\Windows\py.exe
输入第一个数字：60
输入第二个数字：36
60 和 36 的最大公约数为 12

图 6-9　运行效果 4

5）简单计算器实现，使用自定义函数方式编写一个简单的计算器。运行效果如图 6-10 所示。

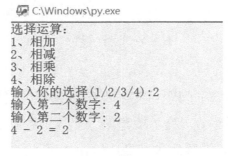

图 6-10　运行效果 5

# Chapter 7

## 第7章
# 面向对象的应用

在前面所学的知识中，编写的程序都是基于面向过程思想来开发的。往往在后期开发过程中，如果需要添加新功能，就会增加很大负担。如何能减少工作量呢？使用面向对象的技术可以在一定程度上解决这个问题。本章将在面向对象的知识和技术中给出一些思路，开发出简易四则运算计算器和简易购物结算程序这两个实用的案例，希望读者能从本章的学习中取得一些收获。本章将着重学习 Python 中有关面向对象编程的思想。

### 学习目标

1）理解面向对象程序设计思想。

2）掌握定义类和创建类的实例的方法。

3）掌握类中变量和方法的应用。

4）掌握构造方法和析构方法的应用。

5）理解类成员和实例成员的区分。

6）掌握面向对象的三大特性（封装、继承和多态）及相关知识的应用。

7）理解类方法和静态方法的概念。

8）理解并坚持做到编码规范和文档规范、训练严谨的逻辑思维。

思维导图

思维导图如图 7-1 所示。

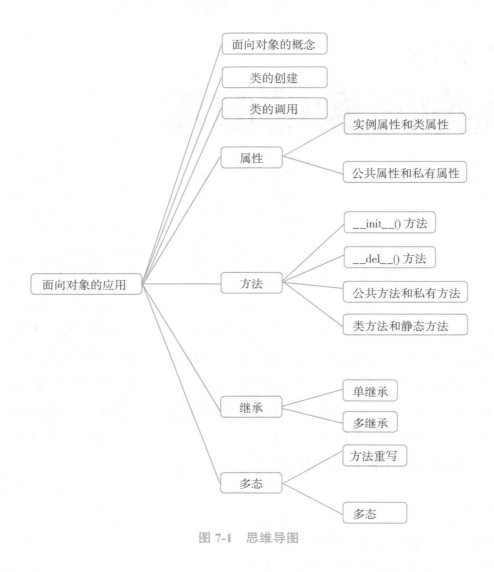

图 7-1　思维导图

## 7.1　面向对象的概念

面向对象 (Object Oriented) 是软件开发方法，是一种程序设计规范，是一种对现实世界理解和抽象的方法。在面向对象编程思想中，一切事物皆对象，通过面向对象的方式，将现实世界的事物抽象成对象，现实世界中的关系抽象成类、继承，帮助人们实现对现实世界的抽象与数字建模。

Python 采用了面向对象编程程序设计思想，它可以很方便地创建类和对象。本章将对面向对象程序设计进行详细讲解。

1）对象。对象英文为"object"，表示任意存在的事物。现实世界中，随处可见的一个事物即是对象，如一个人、一辆车等。如要形容一个人对象，通常用两种方式，第一静态的，如体貌特征、年龄等，即对象的属性；第二动态的，如动作、行为等，即对象的行为。

2）类。类是一个抽象的概念，它是对一群具有相同特征和行为的事物的统称。如，人类、汽车类等。人类，具有相同的属性和行为，如姓名、性别、身高、体重等属性，吃饭、睡觉、走路等行为。

## 7.2 类的创建

在 Python 中，要想创建一个对象，需先定义一个类。类的定义语法格式如下：

```
class 类名 ():
    类的实现部分，或者写 pass
```

其中类的实现部分主要由类变量、方法和属性等定义语句组成。如果在定义类时没想好类的具体功能，可以用 pass 语句代替，叫作占位语句，无实际意义。例如，定义人这个类，如下面代码：

```
class Mankind():
    name=""  # 这是类的变量
    def speak(self,sname): # 这是类的普通实例方法
        self.name=sname
        print(" 大家好！我是 ",sname)
```

在上述代码中，使用 class 定义了一个名为 Mankind 的类。类中有一个变量 name，指人的名字，还有一个 speak 方法。从代码中可以看出，方法和函数的格式是相同的，主要区别在于方法必须声明一个 self 参数，并且位于参数首位。self 参数的具体用途将在后面介绍。

## 7.3 类的调用

前面的知识告诉我们如何定义一个类，定义完类后如何使用它呢？这时就要对类进

行 "实例化"，也即是创建实例对象，类的调用也称类的实例化。在 Python 中，创建实例对象的语法格式如下：

> 对象名 = 类名 ()

创建完对象后，就可以用它来访问类中的变量和方法。具体的方法如下：

> 对象名 . 类变量
>
> 对象名 . 方法名 ([ 参数 ])

下面将针对上面的人类例子进行对象实例化。

【范例 7-1】 定义学生类（student）并实例化

类名为 student.。定义一个变量年级，它的值为高一。定义一个方法 speak，并且包含姓名、性别和年龄三个参数，再把参数输出来。定义完类后，再实现实例化 1 个学生对象，输出实例化对象信息。

```python
# 以下是类的定义
class student():
    grade=" 高一 "
    def speak(self,sname,ssex,sage):
        self.name=sname
        self.sex=ssex
        self.age=sage
        print(" 大家好！我是 "+str(self.name)+", 性别是 "+str(self.sex)+", 今年 "+str (self.age)+" 岁 ")
    def study(self):
        print(" 我正在认真学习！ ")
```

接下来要调用这个类 "student"，也就是 "实例化" 这一个类为 "stu1" 对象，如下：

```
#以下是类的调用，即实例化
stu1=student()          #实例化学生类 student
stu1.speak(" 小明 ",' 男 ',16)  # 对实例 man1 调用实例方法 speak，并传递 3 个参数
print(" 今年在读 "+str(student.grade))
stu1.study()
```

运行结果如下：

```
大家好！我是小明，性别是男，今年 16 岁
今年在读高一
我正在认真学习！
```

可以看到，在上述例子中，定义了 name、age 和 sex 这 3 个对象属性。实例化对象的时候，只需要根据实例化的语法格式进行即可。

## 7.4　属性

类的数据成员是在类中定义的成员变量，用来存储描述类的特征的值，称为属性。属性实际上是在类中的变量，建议在类定义的开始位置初始化类的属性，或者使用构造方法（__init__）初始化实例的属性。

### 1. 实例属性和类属性

通过 "self. 变量名" 定义的属性称为实例属性或者实例变量。定义在类之内、方法之外的属性叫作类属性。

【范例 7-2】　实例属性和类属性

下面以一个 "人类"（Mankind）例子说明。比如，每个人都有 2 条腿，所以可以将腿个数这一属性定义为类属性，代码如下：

```
#定义类
class Mankind():
    leg_num=2   #类属性
```

```
    def __init__(self,sage,sname):  #构造方法
        self.age=sage      #实例属性
        self.name=sname  #实例属性
    def ask(self,message):

#实例化
xiaoming=Mankind(16,' 小明 ')
print(xiaoming.leg_num)       #输出对象的属性值
xiaoming.leg_num=3           #修改对象 xiaoming 的 leg_num 为 3
print(xiaoming.leg_num)      #输出对象的属性值，已经修改为 3
print(Mankind.leg_num)       #输出类的属性值，它不变，还是原来的 2
```

运行结果如下：

```
2
3
2
```

从本例子可以看出实例对象可以访问类属性，但不能修改类属性的值。执行"xiaoming.leg_num=3"这句后，在内存中会创建一个新的属性 leg_num，并赋予新值，并不影响类属性 leg_num。

### 2. 公共属性和私有属性

对于 Python 而言，类的属性的可见度只有两种：public 和 private，即公共属性和私有属性。"私有"属性指的是在类中定义的属性或方法不允许被实例化出来的对象调用，只能在类的内部被调用，而"公共"则没有这个限制。

类的私有属性便是在前面加上两个下画线"__"标识符，而公共属性则不必。在类的外面访问私有属性会引发异常。

【范例 7-3】 公共属性和私有属性的演示

下面通过范例 7-3 说明公共属性和私有属性的区别。

```
class Women:
    def __init__(self,sname,sage):
        self.name=sname    # 公共属性 name
        self.__age=sage    # 私有属性 __age
    def info(self):            # 公共方法 info，用于输出私有属性 __age 的值
        print(self.__age)    # 私有属性 __age


xiaofang=Women(" 小芳 ",18)
xiaofang.info()
```

运行结果如下：

18

　　上述代码中，定义了一个构造方法，在构造方法中有一个公共属性 name 和私有属性 __age。如果要直接输出私有属性 "__age"，将出现错误，因为在类的外部无法访问类的私有属性。如果需要输出年龄这个属性，则可以借助其他公共方法完成输出，如范例中定义了一个公共方法 info()，用它来输出私有属性 "__age"。

## 阅读角

### 关于类和对象的形象理解

　　为了更好地理解类和对象，下面用找朋友的例子做一个介绍：

　　第一：对象就像是朋友，类就像是心目中朋友的要求条件和技能描述，它是心目中的形象，还不是现实中的人。而实例化就是找朋友，找到了现实中一个具体的人。

　　第二：根据第一条的描述，一定是先有类，才能有对象。

　　第三：类里的属性，就像朋友的基本要求，如身高、体重、性别、相貌等。属性越多，说明要求的条件越具体。如果不满足这些东西，实例化（能否交到朋友）是否成功还要看你的心情。

　　第四：类里面的方法，就是要求朋友会使用的技能，如，做饭、炒菜、谈心、一起玩、打球、跳舞等。方法越多，证明实例化出来的朋友越能干。软件对象也有状态和行

为。软件对象的状态就是属性，行为通过方法体现。在软件开发中，方法操作对象内部状态的改变，对象的相互调用也是通过方法来完成。

第五：接口就像朋友所拥有技能的证书；有了这个证书，就直接证明她拥有这方面的技能。

## 7.5 方法

Python 类的成员方法可以分为公有方法、私有方法、静态方法、类方法、抽象方法和一些特殊方法等。

1）所谓的特殊方法是指方法的两侧各有两个下画线（__），它经常与某个运算符或者内置函数相对应用，比如 __init__() 和 __del__() 就是这一类方法。

2）私有方法的名字以两个或者更多个下画线开始。

3）公有方法可以通过对象名直接调用。私有方法不能通过对象名直接调用，可以在其他实例方法中通过前缀 self 进行调用，或在外部通过特殊的形式来调用。

4）抽象方法一般定义在抽象类中并且要求派生类必须重新实现。本书不对抽象类作研究。

5）"实例方法"可以包括公有方法、私有方法、抽象方法和一些特殊方法。

6）静态方法和类方法不是"实例方法"，不属于任何实例，不会绑定到任何实例，也不依赖于任何实例状态，因此与实例方法相比能减少很多开销。

7）静态方法使用 @staticmethod 为装饰器，可以没有参数。动态方法使用 @classmethod 为装饰器，它必须有参数，并且一般以 cls 作为第一个参数表示该类本身。

下面来学习以上的一部分方法。

### 1.__init__() 方法

__init__() 方法是一个特殊的类实例方法，称为构造方法（或构造函数）。构造方法用于创建对象时使用，每当创建一个类的实例对象时，Python 解释器都会自动调用它。Python 中，手动添加构造方法的语法格式如下：

```
def __init__(self,...):
    代码块
```

此方法的方法名中，开头和结尾各有两个下画线，且中间不能有空格。Python 中很多这种以双下画线开头、双下画线结尾的方法，都具有特殊的意义。self 代表类的实例，self 在定义类的方法时是必须有的。

【范例7-4】 定义构造方法并自动初始化汽车属性

下面来自定义构造方法，初始化汽车属性，传入不同的 weight 和 colour 属性值，创建 Car 对象。

```
class Car:
    def __init__(self.sname,sweight.scolour):  # 构造方法
        self.name=sname
        self.weight=sweight
        self.colour=scolour
    def run(self):
        print(str(self.weight)+" 吨重的 "+str(self.colour)+str(self.name)+" 的汽车在行驶中。")

car1=Car(" 宝马 ",4," 蓝色 ")   # 创建对象，传入形参
car1.run() # 调用方法
car2=Car(" 皇冠 ",3," 黑色 ")   # 创建对象，传入形参
car2.run()
```

运行结果如下：

```
4 吨重的蓝色宝马的汽车在行驶中。
3 吨重的黑色皇冠的汽车在行驶中。
```

范例中，自定义了带有参数的构造方法，定义了 3 个参数 sname、sweight、scolour，创建对象时，可为不同的对象传入不同的实参，完成不同对象的创建。

 小提示

即便不手动为类添加任何构造方法，Python 也会自动为类添加一个仅包含 self 参数的构造方法。仅包含 self 参数的 __init__() 构造方法又称为类的默认构造方法。

## 2. __del__() 方法

__del__() 称为析构方法，当对象被销毁时执行的操作，一般用于资源回收。Python 有垃圾回收机制，程序结束时会自动调用 __del__()，也可手动调用 del 语句删除对象。语法格式如下：

```
def __del__(self,...):
    代码块
```

**【范例 7-5】** 自动调用析构方法的演示

下面通过范例来说明自动调用析构方法。

```
class Fruit:
    def __del__(self):
        print(" 析构方法被调用 ")


apple=Fruit()
del apple
print(" 程序结束 ")
```

运行结果如下：

```
析构方法被调用
程序结束
```

从范例 7-3 的运行结果可以发现，手动调用析构方法是执行 del 语句直接删除对象。

## 小提示

1）析构方法会在对象被销毁时自动调用。

2）建议不要在对象销毁时做任何事情，因为对象销毁的时间难以确定。因此建议在必要的代码位置手动调用。

### 3. 公共方法和私有方法

私有方法（private）的定义如同私有属性定义一样，在方法名字前面加两个下画线"__"标识符。

公共方法（public）就是方法前面没有加两个下画线"__"标识符的方法，与私有方法相对而言。

在类的内部，使用 def 关键字可以为类定义一个私有方法或者公有方法，与一般函数定义不同，它们必须包含参数 self，且为第一个参数。

定义为私有方法，只有在类的内部使用，在类的外部无法被访问。私有类型的设定，使得类更加稳定，更加安全。可以将一些不允许访问或更改的属性和方法设为私有类型，从而避免由于使用该类时的失误而导致类被更改。

【范例7-6】 私有方法和公共方法

下面范例演示了私有方法和公共方法的使用。

```
#类的定义
class Women:
    # 以下是构造方法
    def __init__(self,sname,sage):
        self.name=sname      # 公共属性 name
        self.__age=sage      # 私有属性 __age

    # 以下是私有方法
    def __info(self):        # 私有方法 info，用于输出私有属性 __age 的值
        print("%s 的年龄是 %d" % (self.name, self.__age))

    # 以下是公共方法
    def talk(self,message):
        print("%s 说了一句话：%s" %(self.name,message))

#实例化
xiaofang=Women(" 小芳 ",18) #实例化
xiaofang._Women__info() #强行访问私有方法
```

```
xiaofang.talk(" 今天天气真好 ")  # 访问公共方法
```

运行结果如下：

```
小芳 的年龄是 18
小芳说了一句话：今天天气真好
```

可以通过"_类名 __ 私有属性名 / 方法名"的方式强行访问，但不推荐这样做。这个范例就用到了"_类名 __ 私有属性名 / 方法名"的方式强行访问私有方法和私有属性。

### 4. 类方法和静态方法

类的方法有两种：静态方法和类方法，其中 @staticmethod 表示静态方法，@classmethod 表示类方法。

Python 允许声明属于类本身的方法，即类方法。类方法不对特定的实例进行操作，在类方法中访问对象实例属性会导致错误。它的第一个参数必须为类对象的本身，通常为 cls。类方法的语法格式如下：

```
@classmethod
def 类方法名 (cls,[ 形参列表 ]):
    函数体或者 pass
```

静态方法没有类似 self、cls 这样的特殊参数。静态方法的语法格式如下：

```
@staticmethod
def 类方法名 ([ 形参列表 ]):
    函数体或者 pass
```

它们的特点和区别如下：

1）使用 @staticmethod 或 @classmethod 不需要实例化，直接用"类名 . 方法名 ()"来调用。

2）@staticmethod 不需要表示自身对象的 self 和自身类的 cls 参数，就跟使用函数一样。

3）@classmethod 也不需要 self 参数，但第一个参数需要是表示自身类的 cls 参数。

【范例 7-7】 类方法和静态方法的使用

这里以一个成绩管理系统中的类来作说明。假设成绩管理系统对不同的用户（学生、教师、管理员、家长）会显示相应的帮助文件，可以定义不同的方法来实现它。真实项目中的帮助内容会更加详细，本范例仅是用一些象征性的文字以代替效果。

```python
# 以下是定义类和方法
class Score:
    # 定义构造函数，它会在实例化时自动调用
    def __init__(self,yourname):
        print(" 欢迎 %s 使用成绩管理系统 " %(yourname))

    # 定义一个普通的方法，没有参数
    def helpAll(self):
        print(" 这是所有用户角色的帮助文件，普通方法 ")

    # 定义一个普通的方法，有 1 个参数。当然还可以有更多参数
    def helpTeacher(self,syscode):
        print(" 这是老师的帮助文件，普通方法，子系统为 %s" % (syscode))

    # 定义一个静态方法：它没有参数
    @staticmethod
    def helpStudent():
        print(" 这是学生用户的帮助文件 ,@staticmethod 方法 ")

    # 定义一个类方法：只有参数 cls
    @classmethod
    def helpAministrator(cls):
        print(" 这是高级管理员的帮助文件，@classmethod 方法 ")

    # 定义一个类方法：有参数 cls 和 syscode。当然还可以有更多参数
```

```
@classmethod
def helpFamily(cls,syscode):
    print(" 这是家长的帮助文件，@classmethod 方法，子系统为 %s" %(syscode))
```

第一种调用类的测试案例如下。它的 Score.helpAll() 会出错，因为它是普通方法，必须经过实例化才能使用。

```
# 以下是调用类（1）
Score.helpStudent()          #@staticmethod 静态方法调用
Score.helpAministrator()   #@classmethod 类方法调用
Score.helpAll()              # 这里会出错，因为不能让类自动调用
```

运行结果如下：

```
Traceback (most recent call last):
  File "D:\pythonBook\pythonProject7\ 范例 7-7.py", line 35, in <module>
    Score.helpAll()#
TypeError: helpAll() missing 1 required positional argument: 'self'
这是学生用户的帮助文件，@staticmethod 方法
这是高级管理员的帮助文件，@classmethod 方法
```

第二种调用类的测试案例如下。它的 myscore.helpAll() 不会出错，因为已经实例化了。

```
# 以下是调用类（2）
print("==== 以下直接调用，没实例化 ======")
Score.helpStudent()    #@staticmethod 静态方法，可以直接由类名 Score 调用
Score.helpFamily(" 学生成绩排名 ")

print("==== 以下是实例化 ======")
myscore=Score(" 王小明 ") # 它会自动调用构造函数
myscore.helpStudent() #@staticmethod 静态方法也可以由实例名 myscore 调用
myscore.helpAministrator()
myscore.helpAll() # 这里不会出错了，因为它已经实例化了
```

运行结果如下：

> ==== 以下直接调用，没实例化 ======
>
> 这是学生用户的帮助文件,@staticmethod 方法
>
> 这是家长的帮助文件，@classmethod 方法，子系统为学生成绩排名
>
> ==== 以下是实例化 ======
>
> 欢迎王小明使用成绩管理系统
>
> 这是学生用户的帮助文件,@staticmethod 方法
>
> 这是高级管理员的帮助文件，@classmethod 方法
>
> 这是所有用户角色的帮助文件，普通方法

## 7.6　继承

Python 继承是面向对象中三大特征之一，继承是从已有的类中派生出新的类，新的类能吸收已有类的数据属性和行为，并能扩展新的属性和行为。

Python 继承是把已存在的类的定义作为基础建立新的类的技术，新类的定义可以增加新的数据或新的功能，也可以用父类的功能，但不能选择性地继承父类。这种技术使复用以前的代码变得非常容易，能大大缩短开发的周期。例如之前定义的 Car 类（汽车类）包含了名字、重量、颜色等，由这个汽车类可以派生出小轿车和货车这两个类，可以为小轿车添加后备箱，为货车添加货箱。

生活中也有很多继承的例子。如牛、羊属于食草动物类，狮子、狼属于肉食动物类，而它们都属于动物类。动物类是父类，食草动物类和肉食动物类是子类，它们都是从动物类继承过来的。虽然食草类和肉食类都是动物类，但两者的属性和行为是有差别的，父类更通用，子类更具体，所以子类具有父类的一般性，但也有自身的特殊性。

继承可以分为单继承和多继承两种。

### 1. 单继承

在 Python 中，如果父类只有一个，则这种继承叫单继承。子类定义的语法格式如下：

```
class 子类名（父类名）：
    类体
```

子类能继承父类的所有公共属性和公共方法，但不能继承其私有属性和私有方法。下面通过范例 7-8 来具体说明如何实现单继承。

【范例 7-8】 货车类与单继承的使用

```python
class Car:      # 父类 Car
    def __init__(self,sname,sweight,scolour):  # 构造方法
        self.name=sname
        self.weight=sweight
        self.colour=scolour
    def run(self):
        print(str(self.weight)+" 吨重的 "+str(self.colour)+str(self.name)+" 的汽车在行驶中。")


class Truck(Car):  # 子类 Truck（货车类）继承了父类 Car 的公共方法和公共属性
    def loadweight(self,sloadweight):  # 定义方法，定义载重量
        self.loadweight=sloadweight


    def loadweightinfo(self):   # 定义方法输出语句
        print(' 我是货车，可以载重 %s 吨 '%(self.loadweight))


volvo=Truck(" 沃尔沃 ",4," 黄色 ")  # 创建货车对象
volvo.loadweight(20)          # 调用子类方法
volvo.run()                   # 调用父类方法
volvo.loadweightinfo()        # 调用子类方法
```

运行结果如下：

4 吨重的黄色沃尔沃的汽车在行驶中。
我是货车，可以载重 20 吨

范例中定义了一个父类 Car，该类中的构造方法需要传递 3 个参数。然后定义了一个子类 Truck 类，用于定义货车类。子类继承了父类的公共属性和公共方法。子类定义了 loadweight 方法用于定义载重量和 loadweightinfo 方法用于输出信息内容。从运行结果可以看出，可以通过子类创建对象 volvo，并调用父类的公共方法，可以说完全继承了父类的公共属性和公共方法。

## 2. 多继承

多继承可以看成是对单继承的扩展。其语法格式如下：

class 子类名（父类1名，父类2名…）：
    类体

多继承指的是一个子类从多个父类继承而来，继承了多个父类的特性。例如，电话手表是电话和手表的结合体。

【范例7-9】 电话手表与多继承的使用

下面通过范例具体说明如何实现多继承。

```
class Phone:    #定义了父类1（电话类）
    telenum=''
    def tel(self,stelenum): #定义方法，用于输出拨打信息
        self.telenum=stelenum
        print('您正在拨打 %s'%(self.telenum))

class Watch:    #定义了父类2（手表类）
    nowtime=''
    week=''
    def timeinfo(self,snowtime,sweek):    #定义方法，用于输出时间信息
        self.nowtime=snowtime
        self.week=sweek
        print('现在的时间是：%s，今天是 %s'%(self.nowtime,self.week))

class Telwatch(Phone,Watch):    #定义子类（电话手表类），继承于两个父类（电话类和手表类）
    def Twinfo(self):
        print('我是电话手表')

iwatch=Telwatch()                   #创建电话手表对象
```

```
iwatch.Twinfo()                        # 调用子类方法
iwatch.tel('88888888')                 # 调用父类 1 中的方法
iwatch.timeinfo('12:00',' 星期一 ')    # 调用父类 2 中的方法
```

运行结果如下：

```
我是电话手表
您正在拨打 88888888
现在的时间是：12:00，今天是 星期一
```

从运行结果可以看出，子类同时继承了两个父类，并成功调用父类的方法。在 Python 中，假如多个父类中有相同名字的方法，如果子类调用该方法时，则会选择调用先继承的父类中的方法。

## 7.7 多态

在面向对象程序设计中，除了封装和继承特性外，多态也是一个非常重要的特性。那么如何理解多态呢？

### 1. 方法重写

介绍多态之前，先看看什么叫方法重写。

子类继承父类，会继承父类的所有方法，当父类方法无法满足需求时，可在子类中定义一个同名方法覆盖父类的方法，这就叫方法重写。当子类的实例调用该方法时，优先调用子类自身定义的方法，因为它被重写了。

**【范例 7-10】** 方法重写

下面以范例来说明方法重写。

```python
class People:
    def speak(self):
        print("people is speaking!")
```

```
class Student(People):
    def speak(self):    # 方法重写。重写父类的 speak 方法
        print("student is speaking!")


class Teacher(People):
    pass


s = Student()    # Student 类的实例 s
s.speak()


t = Teacher()    # Teacher 类的实例 t
t.speak()
```

运行结果如下：

```
student is speaking!
people is speaking!
```

从运行结果可以看到，因为子类 Student 重写了父类 People 的 speak() 方法，当 Student 类的对象 s 调用 speak() 方法时，优先调用 Student 的 speak 方法，而 Teacher() 类没有重写 People 的 speak() 方法，所以 t.speak() 会调用父类的 speak() 方法，打印 people is speaking。

### 2. 多态

多态意味着变量并不知道引用的对象是什么，根据引用对象的不同表现不同的行为方式。在面向对象方法中一般是这样表述多态性：向不同的对象发送同一条消息，不同的对象在接收时会产生不同的行为（即方法）。也就是说，每个对象可以用自己的方式去响应共同的消息。所谓消息，就是调用函数，不同的行为就是指不同的实现，即执行不同的函数。

**【范例7-11】** 多态实例

下面以范例 7-11 来说明多态性。本范例改写自范例 7-10。

```python
class People(object):
    def speak(self):
        print("people is speaking!")


class Student(People):
    def speak(self):
        print("student is speaking!")


class Teacher(People):
    def speak(self):
        print("teacher is speaking!")


class Person(object):
    def __init__(self, people=None):
        self.people = people

    def speak(self):
        self.people.speak()
s=Student()    # Student 类的实例 s
t=Teacher()    # Teacher 类的实例 t
p=Person(t)    # Person 类的实例 p，把对象 t 作为参数传递
p.speak()      # 调用对象 t 的 speak() 方法
```

运行结果如下：

teacher is speaking!

在该程序中，p 是指向对象 t 的，因此会执行对象 t 中的 speak()。如果指向对象 s，那么就会执行对象 s 中的 speak()。因此，同一个变量 p 在执行同一个方法时，如果 p 指向的对象不同，它会呈现不同的行为特征，这就是多态。

## 案例 1——简单四则运算计算器

### 案例描述

使用面向对象编程思想，编写一个简单的四则运算器。可以通过数值的输入，进行整数四则运算，并且能够反复运算，直至输入退出信息为止。

### 案例分析

1）按要求设计一个计算器类，包含四个运算方法。

2）为了使程序可以反复运算，直到选择退出为止，可以使用 while 循环语句实现。

3）开始运行时，需要用户输入两个需要计算的数和需要运算的法则。

4）创建一个计算器对象，根据运算的法则调用对象中相应的方法，完成计算任务。

它用到的技术点有以下几方面：定义计算器类；定义类的方法和属性；通过选择判断结构选择对象对应的方法执行运算。

### 实施步骤

新建 Python 文件"computer.py"，输入以下代码。

```python
class Computer:
    one=0
    two=0
    op=''
    result=0
# 构造函数
    def __init__(self,sone,stwo):
        self.one=sone
        self.two=stwo
```

```python
# 定义加法
    def addone(self):
        result=one+two
        return result
# 定义减法
    def minus(self):
        result = one - two
        return result
# 定义乘法
    def multiply(self):
        result = one * two
        return result
# 定义除法
    def division(self):
        result = one / two
        return result


# 实例化类，调用它进行计算
print(" 本程序是一个简易的四则运算计算器 .")
flag = True
while flag:
    one = int(input(" 请输入第一个数: "))
    two = int(input(" 请输入第二个数: "))
    operation = input(" 请输入要执行的四则运算 (+-*/): ")
    cp=Computer(one,two)
    if operation == '+':
        print(cp.addone())
    elif operation == '-':
        print(cp.minus())
    elif operation == '*' or operation == 'x':
        print(cp.multiply())
    elif operation == '/' or operation == ' ÷ ':
```

```
        print(cp.division())
else:
    print(" 输入有误！ ")
while True:
    Continue = input(" 是否继续 ?y/n：")
    if Continue == 'y':
        break
    elif Continue == 'n':
        while_condition = False
        break
    else:
        print(" 输入有误，请重新输入！ ")
```

**调试结果**

　　直接在文件夹路径中双击 "computer.py" 文件即可调用，输入需要运算的两个数以及运算符号后，程序会自动进行计算，效果如图 7-2 所示。最后会提醒是否继续进行计算。

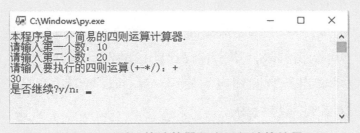

图 7-2 　四则运算计算器程序运行计算结果

# 试一试

　　1）这个案例中进行的是整数型四则运算，如何修改使它能对所有数值型都有效？

　　2）如果输入的是其他类型的数据，会自动退出程序，应该如何完善呢？

## 案例2——简易购物结算程序

我国电商行业已经走在了世界的先进行列，不仅是在城市普及，现在农村电商也发展得如火如荼。现在就使用面向对象编程思想，开发一个简单的购物计费程序，模拟网购过程。可以选择商品和数量，并有累加计算价格功能，最后输出购物清单及总价。

希望通过这个简单的案例，能使读者简单了解购物类程序的结算模块的开发方法，为以后开发电商类系统或购物系统做一个简单的铺垫。

案例分析

1）模拟网络购物的过程，建立商品及顾客两个类。使用列表初始化商品名称及其数量。

2）顾客具有购物的行为，在购物行为中实现对商品价格的计算。

3）在输入商品编号和商品数量后，首先需要创建顾客对象，其次调用对象中的购物行为完成价格的计算。

4）在购物过程中，如果继续购买商品，还需要记录已选商品的总价并继续累加。

5）还需建立一个购物列表，用于存储已购商品信息。

它主要用的技术要点：掌握列表的使用；掌握如何创建商品类及顾客类；实例化具体对象；调用对象的具体行为。

实施步骤

新建 Python 文件 "shopping.py"，输入以下代码。

```python
# 定义商品类
class Goods:
    id=''
    num =0
    name=''
```

```
        def __init__(self,sid,sname,snum):
            self.id=sid
            self.name=sname
            self.num=snum


    # 定义顾客类
    class Customer:
        sprice = 0
        iid = 0
        num = 0
        def buy(self, i, snum):
            self.sprice = Goodlist[i-1] [1] * snum
            return self.sprice


    # 定义已有商品列表
    Goodlist = [["1.iphone 12",8999], ["2. 小米 7",3999], ["3. 华为 mate40", 5999], ["4.ipad2020",
2999], ["5.ibook", 12999]]
    buyslist = []  # 已经购买的列表


    以下是类的实例化：


    print ("" 本程序是一个简易的购物程序 . 欢迎各位顾客前来光临！
    本店有以下商品可以选择购买 :
    "")
    for i in Goodlist:
        print(i)


    finalprice=0 # 费用总价钱
    str1 = ""
    while True:
        print(" 输入 '0' 退出 ")
        sgoodid = input(" 请输入商品号码 :")
```

```
sgoodnum = input(" 请输入商品数量 :")
goodid = int(sgoodid)
goodnum = int(sgoodnum)


if  goodid > len(Goodlist):
    print(" 没有您想要的商品，请重新选择 ...")
    continue
elif goodid == 0 or goodnum == 0:
    if len(buyslist) < 1:
        print(" 你没有购买任何物品 ")
        exit()
    print("------------------ 购物车的清单 --------------------")
    for j in buyslist:
        print(j)
    print(" 总价为: " + str(finalprice))
    exit()
else:
    customer1 = Customer()
    customer1.buy(goodid, goodnum)
    str1 = str(Goodlist[goodid – 1]) + " 数量为: " + sgoodnum
    buyslist.append(str1)


finalprice = finalprice + int(customer1.sprice)
print(finalprice)
print() # 输出一个空行
for i in buyslist:
    print(i)
```

**调试结果**

直接在文件夹路径中双击 "shopping.py" 文件即可调用，效果如图 7-3 所示。

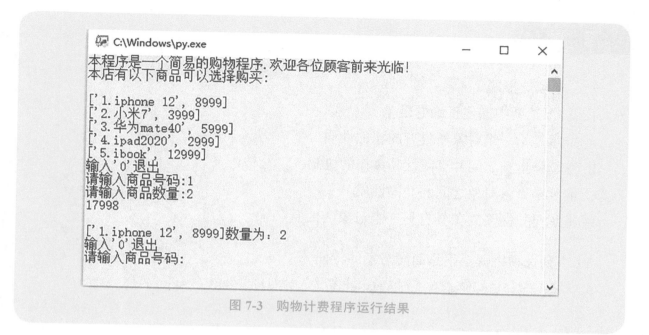

图 7-3　购物计费程序运行结果

请动手修改代码，尝试增加"添加商品及价格"这个功能。

## 本章小结

　　本章主要介绍了面向对象的基本思想、重点介绍了类和对象的概念、创建类和对象的基本语法、通过构造方法完成对象的创建、使用对象中的成员变量和成员方法、类的继承和类的多态。

　　对于初学者来说，以下内容需要认真区分：一个在类体代码内的变量，如果是通过"self. 变量名"定义的属性则称为实例属性，反之则是类属性。类的私有属性便是在前面加上两个下画线"__"标识符，而公共属性则不必。Python 类的成员方法可以分为公共方法、私有方法、静态方法、类方法、抽象方法和一些特殊方法等。私有方法（private）的定义如同私有属性定义一样，在方法名前面加两个下画线"__"标识符。类的方法有两种：静态方法和类方法，其中 @staticmethod 表示静态方法，@classmethod 表示类方法。

　　本章还结合了多个范例和案例项目，让读者进一步掌握面向对象编程的应用。

## 习 题

**一、单项选择题**

1）以下选项中描述正确的是（　　　）。

A. 继承是指一组对象所具有的相似性质

B. 继承是指类之间共享属性和操作的机制

C. 继承是指各对象之间的共同性质

D. 继承是指一个对象具有另一个对象的性质

2）下列选项中哪个不是面向对象的特征（　　　）。

A. 多态　　　　　B. 继承　　　　　C. 抽象　　　　　D. 封装

3）构造方法是类的一个特殊方法，其名称是（　　　）。

A. 与类同名　　　B. __init__()　　　C. init()　　　　D. __del__

4）Python 中用于释放类占用资源的方法是（　　　）。

A. del()　　　　　B. remove　　　　C. __delete()　　　D. pop

5）以下表示 C 类继承 A 类的格式中，正确的是（　　　）。

A. class C A:　　　B. class C:A　　　C. class C(A)　　　D. class C{A}

6）下列选择中用于定义静态方法的标识是（　　　）。

A. @classmethod　　　　　　　　B. staticmethod

C. %staticmethod　　　　　　　　D. @privatemethod

**二、操作题**

1）定义一个水果类，然后通过水果类创建苹果对象、橘子对象、西瓜对象并分别添加上颜色属性。

2）定义一个类，提供可以重新设置私有属性 name 的方法，限制条件为字符串长度小于 10 才可以修改。

3）定义一个员工类，自己分析出有几个成员、getXxx()/setXxx() 方法以及一个显示所有成员信息的方法，并测试。参考效果如图 7-4 所示。

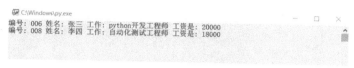

图 7-4　参考效果

4）定义一个表示学生信息的类 Student，要求如下：

①类 Student 的成员变量：sNO 表示学号；sName 表示姓名；sSex 表示性别；sAge 表示年龄；sPython 表示 Python 课程成绩。

②类 Student 的方法成员：getNo() 获得学号；getName() 获得姓名；getSex() 获得性别；getAge() 获得年龄；getPython() 获得 Python 课程成绩。

③根据类 Student 的定义，创建五个该类的对象，输出每个学生的信息，计算并输出这五个学生 Python 语言成绩的平均值，计算并输出他们 Python 语言成绩的最大值和最小值。运行效果如图 7-5 所示。

```
C:\Windows\py.exe
学号： 001 姓名： 张三 性别： 男 年龄： 18 Python成绩： 100
学号： 002 姓名： 李四 性别： 男 年龄： 19 Python成绩： 93
学号： 003 姓名： 王五 性别： 男 年龄： 18 Python成绩： 95
学号： 004 姓名： 赵六 性别： 女 年龄： 19 Python成绩： 90
学号： 005 姓名： 孙七 性别： 女 年龄： 18 Python成绩： 98
[100, 93, 95, 90, 98]
最高分是： 100
最低分是： 90
平均成绩是： 95.2
```

图 7-5　运行效果

# 第2部分

# Python
# 编程应用

# 第 8 章
# 文件夹和文件的操作

文件和文件夹是日常使用较频繁的对象，熟练地操作文件及文件夹有助于提高工作和学习效率。本章将介绍文件夹和文件的相关基本操作，希望通过学习能够快速解决一些文件和文件夹管理的常见小问题。

学习目标

1）掌握文件夹基本操作。

2）掌握文件基本操作。

3）培养文件操作基本逻辑。

4）培养数据存储和处理思维。

思维导图

思维导图如图 8-1 所示。

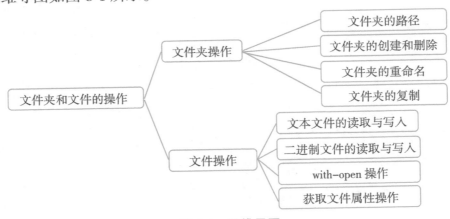

图 8-1　思维导图

## 8.1 文件夹操作

Python 中对于文件夹（目录）的操作主要使用到 os 和 shutil 模块。在使用前通常要引入库，如下：

```
import shutil
import os
```

常见的操作有文件夹的创建、重命名、复制、删除以及数据提取分析处理等，见表 8-1。

表 8-1 文件夹常见操作

| 操作 | 描述 |
| --- | --- |
| os.getcwd() | 返回当前工作路径 |
| os.chdir(path) | 设置 path 为工作目录 |
| os.listdir(path) | 返回指定路径下的文件和目录信息 |
| os.mkdir(path) | 创建目录（直接在括号中输入路径及新建的目录名称） |
| os.makedirs(path) | 创建多级目录 |
| os.rename("oldname","newname") | 重命名目录（文件） |
| shutil.copytree(source_path, target_path) | 复制目录 |
| os.rmdir("dir") | 删除目录（空目录） |
| shutil.rmtree("dir") | 删除目录（可以为非空） |
| os.path.isdir() | 判断路径是否是一个目录，有效返回 True，无效返回 False |
| os.path.isabs() | 判断是否是绝对路径，有效返回 True，无效返回 False |
| os.path.abspath(dir) | 获取文件或目录的绝对路径 |
| os.path.join(dir1,dir2,dir3,…) | 连接两个或更多的路径或者文件名，组成一个新的文件路径 |
| os.path.split() | 返回一个路径的目录名和文件名，即分割文件名 |
| os.path.splitext() | 分离扩展名 |
| os.path.dirname() | 获取路径名 |
| os.path.basename() | 获取文件名 |
| os.path.exists(dir) | 判断一个目录或者文件是否存在，有效返回 True，无效返回 False |
| os.path.isfile（dir） | 判断一个文件路径是否为一个文件，有效返回 True，无效返回 False |

### 1. 文件夹的路径

在操作系统中文件及文件夹的路径可以分为两类表示：绝对路径和相对路径。绝对路径是指从磁盘的根目录（盘符）开始，进行一级一级地目录指向文件。相对路径就是以当前文件为基准进行一级一级地目录指向被引用的资源文件。路径表示方式见表 8-2。

表 8-2　路径表示方式

| 绝对路径 | D:\pythonBook\source_dir\hello.txt | 从盘符开始，逐级指向文件 |
| --- | --- | --- |
| 相对路径 | source_dir\hello.txt | 以 source_dir 为基准，hello.txt 相对表示方式 |

在 Python 中，可以调用 os.path.abspath(path) 提取文件或文件夹的绝对路径。在进行命令操作时候会遇到不同操作路径，可以通过 os 模块中的 os.getcwd() 和 os.chdir() 进行目录的查看和切换。

**【范例 8-1】**　文件夹的路径

下面的范例演示了路径转义字符和路径切换的操作。

```
import os
path1 = r"D:\pythonBook\pythonProject9"   # 使用 r 进行字符串转义
path2 = "D:\\pythonBook\\pythonProject9"   # 使用一个斜杠转义
path3 = "D:\pythonBook\pythonProject9"   # 直接使用 "\" 右倾斜
path4 = "D:/pythonBook/pythonProject9"   # 直接使用 "/" 左倾斜
print(os.path.isdir(path1))
print(os.path.isdir(path2))
print(os.path.isdir(path3))
print(os.path.isdir(path4))
print(" 当前路径: ",os.getcwd())
os.chdir("D:\pythonBook") # 改变路径
print(" 新的当前路径: ",os.getcwd())
print(os.path.abspath("pythonProject9/test")) # 组装一个绝对路径
```

它的结果如下：

True

True

True

True

当前路径：D:\pythonBook\pythonProject9

新的当前路径：D:\pythonBook

D:\pythonBook\pythonProject9\test

## 小提示

以上代码在 Windows 操作系统中可以实现，如果是在 Linux 系统结果会有差别。

path1："\\" 为字符串中的特殊字符，加上 r 后变为原始字符串，则不会对字符串中的 "\t""\r" 进行字符串转义；大小写不影响 Windows 定位到文件，但是会影响 Linux 定位文件；

path2：用一个 "\\" 取消第二个 "\\" 的特殊转义作用，即为 "\\\\"，也称为双斜杠；

path3 和 path4 使用了 "\\" 右斜杠和 "/" 左斜杠，都可以正常使用。

### 2. 文件夹的创建和删除

文件夹的创建使用到 os 模块，通过 os 中 mkdir、makedirs 分别实现创建单个目录和多级目录。

文件夹的删除可以使用两种方式，一种是 os.rmdir()，删除目录为空的文件夹，如果不是空目录，执行删除操作会报错；另外一种是 shutil.rmtree()，可直接删除文件夹及文件夹内部文件。删除操作功能强大，请谨慎使用。

【范例 8-2】 文件夹的创建

以下范例演示了文件夹的创建，在创建之前通常应该判断一下文件夹是否已经存在，如果已经存在，则不需要重复创建。

```
import os
path1="hello6"
path2="hello7\world1\city1"
print(' 当前目录 :',os.getcwd())
if(os.path.isdir(path1)==False):
    os.mkdir(path1) # 只创建一个文件夹
    os.makedirs(path2)  # 创建多层文件夹
else:
    print(' 文件夹已经存在，不需要重复创建 ')
os.chdir(path2) # 切换目录
print(' 新的当前目录 :',os.getcwd()) # 显示新的当前目录
```

它的结果如下：

当前目录 : D:\pythonBook\pythonProject9
新的当前目录 : D:\pythonBook\pythonProject9\hello7\world1\city1

## 小提示

在创建文件夹前，应先检查文件夹是否存在，再决定是否创建文件夹。这是一种良好的代码编写思路。

### 3. 文件夹的重命名

文件夹的重命名使用 os 模块中的 rename 方法，如 os.rename(old_name,new_name)，在操作时需要传递两个参数，前面的参数是需要修改的旧文件夹名称，后面的参数是修改后的新文件夹名称。

【范例8-3】 文件夹的重命名

结合 os.listdir() 把目录结构列出来，再使用 os.rename 把原文件夹 world 修改为 new_world。

```
import os
os.chdir("D:\pythonBook\pythonProject9") # 切换到目录
print(' 原目录结构：',os.listdir())
os.rename("world","new_world")
print(os.getcwd())
print(' 新目录结构：',os.listdir())
```

结果如下，文件夹已经成功重新改名。

```
[ 'hello',  'world']
D:\pythonBook\pythonProject9
['hello',  'new_world']
```

### 4. 文件夹的复制

文件夹的复制操作使用到 os 和 shutil 模块，在执行中需要配置好原地址和目标地址两个参数。

shutil.copytree(source_path, target_path)

参数：source_path 指需要被复制文件夹的路径；target_path 指复制的目标地址。

【范例8-4】 文件夹的复制

文件夹 hello 下面有 4 个文件及两个文件夹，把文件夹 hello 中的所有文件和文件夹都复制到文件夹 hello2 中。

```
import os,shutil
source_path="D:\pythonBook\pythonProject9\hello"  # 原文件夹
target_path="D:\pythonBook\pythonProject9\hello2"  # 目标文件夹，如果目标文件夹
已经存在，会报错。
```

```
os.chdir(source_path) # 切换到目录
print('hello 的目录结构：',os.listdir())    # 看一下原目录的结构
shutil.copytree(source_path, target_path) # 复制操作
os.chdir(target_path)  # 切换到新目录
print('hello2 的目录结构：',os.listdir())
```

结果如下，文件夹"help"的目录结构已经成功复制到"help2"。

hello 的目录结构：['01.txt', '02.txt', 'help', 'world1', 'world2', 'world3']
hello2 的目录结构：['01.txt', '02.txt', 'help2', 'world1', 'world2', 'world3']

## 8.2  文件操作

文件是数据持久化的重要方式，文件一般分为两类：文本文件和二进制文件。文本文件是指特定编码的字符组成，内容统一且方便阅读，比如 UTF-8 编码格式文件、存储在 Windows 磁盘上常见的 .txt 格式文件、Office 文件等；二进制文件指由 0 和 1 组成，没有统一的字符编码，常见的图片、音频和视频都以二进制形式存储。

文件操作的基本流程为：

1）打开文件；

2）执行操作；

3）关闭文件。

在文件操作中可以直接使用 Python 内置函数 open() 打开文件、close() 关闭文件，打开文件的常用格式如下：

file object = open(file_name [, access_mode])

file_name：需要操作的文件名。

access_mode：决定了打开文件的模式：只读，写入，追加等，如果不填写，默认为只读模式。打开模式主要是控制使用何种方式打开文件，常用模式见表 8-3。

表 8-3　文件常用打开模式

| 模式 | 描述 |
| --- | --- |
| r | 以只读方式打开文件。文件的指针将会放在文件的开头。这是默认模式 |
| w | 打开一个文件只用于写入。如果该文件已存在则打开文件，并从开头开始编辑，即原有内容会被删除。如果该文件不存在，则创建新文件 |
| x | 写模式，新建一个文件，如果该文件已存在则会报错 |

（续）

| 模式 | 描述 |
|---|---|
| a | 打开一个文件用于追加。如果该文件已存在，文件指针将会放在文件的结尾。也就是说，新的内容将会被写入已有内容之后。如果该文件不存在，则创建新文件进行写入 |
| t | 文本模式（默认） |
| b | 二进制模式 |
| + | 打开一个文件进行更新（可读可写） |

在实际使用过程中，上述几个方式可以组合使用，如 "r" "w" "x" "a" 和 "b" "t" "+" 组合使用，形成既可以表达读写又有表达文件模式的方式。open() 函数默认采用 "rt"（文本只读）模式。以读入程序所在目录中的 "hello.txt" 为例：

open("hello.txt") 等价于 open("hello.txt", 'r')

文件使用后需要使用 close() 方法关闭，释放文件的使用授权，使用方式如下所示：

< 变量名 >.close()

小提示

当打开的文件操作结束后，就需要关闭它，使文件流与对应的物理文件断开联系，并能够保证最后输出到文件缓冲区中的内容，无论是否已满，都将立即写入到对应的物理文件中。

### 1. 文本文件的读取与写入

文件被打开后，根据打开方式的不同进行文件的读写操作。对于文本文件的读取操作，可以有以下 3 种方式，见表 8-4。

表 8-4 文本文件的读取操作方式

| 操作方式 | 含义 |
|---|---|
| <file>.read(size=-1) | 从文件中读取的字节数，默认为 –1，如果未给定或为负则读取整个文件 |
| <file>.readline(size=-1) | 从文件读取整行，包括 "\n" 字符，如果给出参数，读入该行前 size 长度的字符串或字节流 |
| <file>.readlines() | 读取所有行（直到结束符 EOF）并返回列表 |

**【范例 8-5】** 使用三种方式读取文件内容

在程序所在目录下有文本文件 hello.txt，内容如图 8-2 所示，用三种方式读取文件的内容。

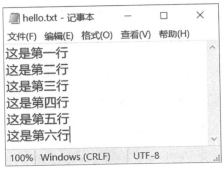

图 8-2　文本文件内容

读取文件第一种方式：使用 read() 一次性读取文件中的所有数据。

> >>> f = open("hello.txt",encoding="utf-8")
>
> >>> f.read()
>
> >>>f.close()
>
> '这是第一行 \n 这是第二行 \n 这是第三行 \n 这是第四行 \n 这是第五行 \n 这是第六行 '

使用 read() 时候，如果带参数，则可以提取指定数量的内容。

> >>> f = open("hello.txt",encoding="utf-8")
>
> >>> f.read(6) # 读取前 6 个字符的内容，包含 \n
>
> '这是第一行 \n'
>
> >>>f.close()

读取文件第二种方式：readline()，能够实现逐行读取数据。

> >>> f = open("hello.txt",encoding="utf-8")
>
> >>> f.readline()
>
> '这是第一行 \n'
>
> >>> f.readline()

```
' 这是第二行 \n'
>>> f.readline()
' 这是第三行 \n'
>>>f.close()
```

读取文件第三种方式：readlines()，能够实现逐行读取数据，并将数据以字符串形式保存在一个列表里面。

```
>>> f = open("hello.txt",encoding="utf–8")
>>> f.readlines()
[' 这是第一行 \n', ' 这是第二行 \n', ' 这是第三行 \n', ' 这是第四行 \n', ' 这是第五行 \n', ' 这是第六行 ']
>>>f.close()
```

## 小提示

由于文件读写时都可能产生 IOError，所以对文件的操作 open() 之后一定要记得 close()，从而彻底地关闭文件。

与文本文件写入相关的方法见表 8-5。

表 8-5　文本文件写入方法

| 操作方法 | 含义 |
| --- | --- |
| <file>.write(s) | 向文件写入字符串 |
| <file>.writelines(lines) | 向文件写入元素都为字符串的列表 |
| <file>.seek(offset) | 改变当前文件操作指针的位置，offset 的值：0– 文件开头；1– 当前位置；2– 文件结尾 |

文本文件的写入主要使用 write 方法，即模式"w"，以 w 的方式打开一个文件，如果文件不存在，则会自动创建此文件；如果文件存在，则先清空文件内容，再往里写数据。

**【范例 8-6】** 写入文件的操作

创建一个文件 hello.txt，以 utf-8 编码写入两行文字。

```
>>> f = open("hello.txt", "w", encoding="utf-8")
>>> f.write('2020')
>>>f.write(" 这是文件写入内容: ")
>>>f.write('\n 写入换行 ')
>>>f.close()
>>># 以下 2 行是文件 hello.txt 的内容
2020 这是文件写入内容:
写入换行
```

### 2. 二进制文件的读取与写入

二进制文件的读写操作与文本文件相似，但是要特别注意操作模式的选择，当需要对图片、音频或视频等非文本文件进行操作时，要使用 "b" 进行表示。二进制文件的常用读取与写入模式见表 8-6。

表 8-6　二进制文件的常用读取与写入模式

| 操作模式 | 含义 |
| --- | --- |
| b | 二进制模式 |
| rb | 以二进制格式打开一个文件用于只读 |
| wb | 以二进制格式打开一个文件只用于写入。如果该文件已存在则打开文件，并从开头开始编辑，即原有内容会被删除。如果该文件不存在，则创建新文件 |
| ab | 以二进制格式打开一个文件用于追加。如果该文件已存在，文件指针将会放在文件的结尾 |

图片、视频和音频是二进制进行读取，b 代表 binary，其他的操作与一般文件操作步骤大体一样。

**【范例 8-7】** 读取图片文件并把图片另存为操作

以程序所在目录 "python.jpg" 为例，用二进制形式读取文件，并另存为新文件 "pythonnew.jpg"。

```
import os
file1=open("python.jpg","rb")    # 读字节
content10=file1.read(10)         # 读 10 个字符出来
print(' 前 10 个字符：',content10)
content_all=file1.read()         # 全部读出来
try:
    file1=open("pythonnew.jpg","wb") # 写字节
    file1.write(content_all)
    print(" 另存为图片 pythonnew.jpg 成功。")
except Exception as e1:
    print(" 出错了，错误信息为：",e1)
finally:
    file1.close()
```

它的结果如下。通过查找文件夹，也可以发现旧文件另存为新文件已经成功。

```
前 10 个字符：b'\xff\xd8\xff\xe0\x00\x10JFIF'
另存为图片 pythonnew.jpg 成功。
```

### 3.with-open 操作

在对文件进行 open() 操作时，有时候会遇到文件不存在的情况，程序就会抛出一个 IOError 的错误，一旦出错，后面的 f.close() 就不会调用。对于这种情况，可以使用异常 try…finally 来实现管理，保证无论是否出错都能正确地关闭文件。

【范例 8-8】 try…finally 和 with-open 操作

```
>>>try:
    f = open("python.jpg ", "rb")
    f.read(20)
finally:
    if f:
        f.close()
```

每次这样写比较烦琐，Python 引入一种安全的文件操作 with 语句。

with expression [as target]:

参数说明：expression：是一个需要执行的表达式；target：是一个变量或者元组，存储的是 expression 表达式执行返回的结果，可选参数。

```
>>>with open("python.jpg ", "rb") as f:
    print(f.read(20))
```

### 4. 获取文件属性操作

python os.stat() 获取相关文件的系统状态信息，即可以获取文件的属性。它的语法如下：

```
os.stat(path)  # path 参数为指定的路径
```

它的结果格式为 os.stat_result(st_mode=33206, st_ino=562949953427015, st_dev= 3966475762, st_nlink=1, st_uid=0, st_gid=0, st_size=451867, st_atime=1612144867, st_mtime=1604822554, st_ctime=1612144863)，它的参数含义见表 8-7。

表 8-7　os.stat() 的参数含义

| 参数 | 含义 |
| --- | --- |
| st_mode | inode 保护模式 |
| st_ino | inode 节点号 |
| st_dev | inode 驻留的设备 |
| st_nlink | inode 的链接数 |
| st_uid | 所有者的用户 ID |
| st_gid | 所有者的组 ID |
| st_size | 普通文件以字节为单位；包含等待某些特殊文件的数据 |
| st_atime | 上次访问的时间 |
| st_mtime | 最后一次修改的时间 |
| st_ctime | 由操作系统报告的 "ctime"。在某些系统上（如 UNIX）是最新的元数据更改的时间，在其他系统上（如 Windows）是创建时间 |

有些参数，比如 st_dev、st_ino 的值是一些数字，它有特定的含义。

比如要显示一个文件的属性，可以使用下面的代码。时间可以通过 time 库格式化输出所需要的格式。

```
import os
import time
# 显示文件 "HarryPotter.txt" 信息
statinfo = os.stat('HarryPotter.txt')
print (' 全部信息：',statinfo)
print ('st_mode 信息：',statinfo.st_mode)
print ('st_atime 信息：',time.strftime("%Y-%m-%d %H:%M:%S",time.localtime
(statinfo.st_atime)))   # 格式化指定的时间格式
```

它的结果为：

```
全部信息：os.stat_result(st_mode=33206, st_ino=562949953427015, st_dev= 3966475762, st_
nlink=1, st_uid=0, st_gid=0, st_size=451867, st_atime=1612144867, st_mtime=1604822554,
st_ctime=1612144863)
st_mode 信息：33206
st_atime 信息：2021-02-01 10:01:07
```

## 案例——城市文件夹分身小帮手

### 案例描述

2019 年爆发的新冠疫情，对人们生活和工作学习产生巨大影响，全球针对疫情采取了不同的应对措施，我国在这次"战役"中上下一心，全民参与本次防疫大行动，对疫情防控成功起到巨大帮助作用。

防疫中特别重要的要求是联防联控、落实到位，具体问题具体分析。现在根据不同城市情况收集相关政策和文件，需要先创建不同城市专属文件夹。文件 city.txt 文本中保存了部分城市信息，现根据城市信息创建不同的文件夹目录。

city.txt 内容如下：

1- 北京

2- 上海

3- 深圳

4- 广州

5- 珠海

6- 中山

7- 东莞

### 案例分析

1）读取文本文件内容。

2）对字符串进行处理，把连接数字与汉字的"–"去掉。

3）判断文件夹是否存在。

4）根据城市信息自动创建文件夹。

### 实施步骤

在 PyCharm 软件中新建 Python 文件"城市文件夹分身小帮手 .py"，输入以下代码。参考代码如下：

```python
import os
# 读取文本内容
with open(" 素材 \city.txt", encoding="utf-8") as f:
    txt = f.readlines()
# 对数据进行处理
for city in txt:
    num,name = city.replace("\n","").split("–")
    if os.path.exists(str(num)+name):
        print("{} 文件夹已经存在！  ".format(str(num)+name))
```

```
else:
    os.mkdir(str(num)+name)
    print("{} 文件夹创建成功！  ".format(str(num) + name))
```

**调试结果**

使用 PyCharm 在代码编辑区按 <Shift+F10> 组合键或者单击鼠标右键在弹出的快捷菜单中选择"运行"命令，即可调试，效果如图 8-3 所示。当有数十个或者数百个文件夹要自动生成时，借用这种方法可以提高效率。

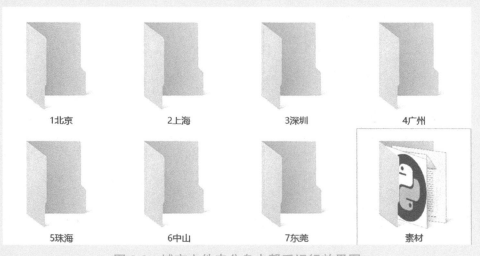

图 8-3　城市文件夹分身小帮手运行效果图

## 试一试

1）如果文件内容连接符变化了，在进行切分时候需要注意什么？如1*北京，2*深圳。

2）如果创建文件夹出错了，如何进行删除呢？

## 本章小结

Python 中文件夹的基本操作主要涉及 os 和 shutil 两个模块，可以结合计算机基础中的知识和相关操作进行记忆和理解。文件主要涉及文本文件和二进制文件，通过文件的读和写操作，按照"打开文件→处理文件→关闭文件"的流程执行程序，注意不同模式的组合效果。

## 习 题

### 一、单项选择题

1）Python 文件只读打开模式是（　　　）。

A. w                                    B. x

C. b                                    D. r

2）Python 文件读取方法 read(size) 的含义是（　　　）。

A. 从头到尾读取文件所有内容

B. 从文件中读取一行数据

C. 从文件中读取多行数据

D. 从文件中读取指定 size 大小的数据，如果 size 为负数或者空，则读取到文件结束。

3）文件 BAT.txt 里的内容如下：

Baidu$Alibaba$Tencent

以下程序的输出结果是（　　　）：

fo = open("BAT.txt", 'r')

fo.seek(2)

print(fo.read(8))

fo.close()

A. &Alibaba$

B. &Alibaba

C. Alibaba

D. Alibaba$

4）以下关于文件的描述错误的选项是（　　　　）。

A. readlines() 函数读入文件内容后返回一个列表，元素划分依据是文本文件中的换行符

B. read() 一次性读入文本文件的全部内容后，返回一个字符串

C. readline() 函数读入文本文件的一行，返回一个字符串

D. 二进制文件和文本文件都是可以用文本编辑器编辑的文件

5）关于以下代码的描述，错误的选项是（　　　　）。

```
with open('BAT.txt', 'r+') as f:
    lines = f.readlines()
    for item in lines:
        print(item)
```

A. 执行代码后，BAT.txt 文件未关闭，必须通过 close() 函数关闭

B. 打印输出 BAT.txt 文件内容

C. item 是字符串类型

D. lines 是列表类型

## 二、操作题

1）写一个程序，在当前工作目录下，创建如下的目录层级结构 "backup/new/"，然后把整个 source 目录内容复制到 "backup/new/source" 目录里面去。

2）为 2021 年每个月份创建一个文件夹，一共 12 个文件夹。每个月份再根据它的天数创建每日的文件夹，比如 1 月下面就有 30 个文件夹。要注意 2021 年 2 月是 28 天。

3）文本文件 word1.txt（见图 8-4）里面的内容有约 8 行句子，每一行句子都一些数字、汉字和英文字母。读取这个文件，把所有数字删除后再保存为 word2.txt。

Python是著名的"龟叔" Guido van Rossum在1989年圣诞节期间，为了打发无聊的圣诞节而编写的一个编程语言。
现在，全世界差不多有600多种编程语言，但流行的编程语言也就那么20来种，Python就处在比较靠前的位置。
Python就为我们提供了非常完善的基础代码库，覆盖了网络、文件、GUI、数据库、文本等大量内容，被形象地称作"内置电池（batteries included）"。
用Python开发，许多功能不必从零编写，直接使用现成的即可。
Python 1.0版本于1994年1月发布，这个版本的主要新功能是lambda、map、filter和reduce，但是Guido不喜欢这个版本。
六年半之后的2000年10月份，Python 2.0发布了。
2008年的12月份，Python 3.0发布了。Python 3.x不向后兼容Python 2.x，这意味着Python 3.x可能无法运行Python 2.x的代码。Python 3代表着Python语言的未来。
Python其中一个应用是人工智能方向，现阶段AI 芯片已经逐步达到了可商业化的状态，2020 年将会是 AI 芯片大规模落地的关键年。

图 8-4　word1 文本部分内容

4）现有一个英文文本文件 englist1.txt（见图 8-5），编写程序读取其内容，并把其中的大写字母变成小写字母、小写字母变成大写字母，再保存为 englist2.txt。

I have a dream that one day this nation will rise up and live out the true meaning of its creed: "We hold these truths to be self-evident, that all men are created equal."
I have a dream that one day on the red hills of Georgia, the sons of former slaves and the sons of former slave owners will be able to sit down together at the table of brotherhood.
I have a dream that my four little children will one day live in a nation where they will not be judged by the color of their skin but by the content of their character.

图 8-5　englist1 文本部分内容

# Chapter 9

## 第 9 章
## 第三方库的应用案例

Python 程序在大数据处理、人工智能、网络运维等方面都有出色的表现，越来越多的用户和企业使用 Python 开发程序或者辅助应用。比如使用 Python 对一篇长文档进行中文分词，统计高词频的关键词，并对高词频词自动生成可视化的词云；结合 Python 爬虫对网页进行抓取、对异构数据进行清洗和整理、存入自己的本地数据库以便后期进行数据应用；对商品销量实时生成统计图表、对商品自动生成二维码，为电子商城系统添加强大的辅助功能；对人脸进行识别，探索人工智能的奥秘。

通过本章，将会学习到词云实践项目、网络数据爬虫实践项目、数据可视化与二维码实践项目和人脸识别实践项目等前沿技术。

### 学习目标

1）掌握中文分词 jieba 的安装和使用方法。

2）掌握词云 wordclound 的安装和使用方法。

3）掌握网络爬虫 requests 的安装和简单使用方法。

4）掌握网络爬虫 beautifulsoup4 的安装和简单使用方法。

5）掌握数据库 sqlite3 的应用，实现数据的存储和读取。

6）掌握可视化图表 matplotlib 的安装和简单使用方法。

7）掌握二维码 MyQR 的安装和使用方法。

8）掌握人脸识别 face_recognition 的安装和简单使用方法。

9）通过本章的学习，能结合项目的实际需要选择合适的第三方库并进行技术开发和应用。

思维导图

思维导图如图 9-1 所示。

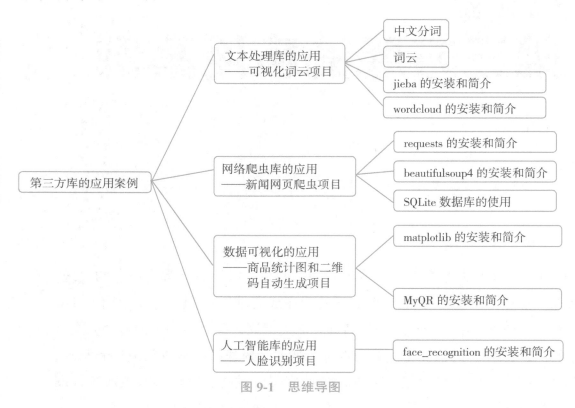

图 9-1　思维导图

## 9.1　文本处理库的应用——可视化词云项目

### 1. 中文分词

在英文的行文中，单词之间是以空格作为自然分界符的，显得相对简单。但是中文比英文要复杂得多、困难得多。中文分词是中文文本处理的一个基础步骤，也是中文人机自然语言交互的基础模块。不同于英文的是，中文句子中没有词的界限，因此在进行中文自然语言处理时，通常需要先进行分词，分词效果将直接影响词性、句法等模块的效果。

比如"路不通行不得在此小便"，如果加上标点符号可以变为"路不通行，不得在此小便。"或者"路不通，行不得，在此小便。"如果使用计算机系统进行分词，它可能会分词为"路""不""通行""不得""在""此""小便""路""不通""行不""得""在此""小便"等。它们的含义与真实原文含义会有偏差。

中文分词的工具或者插件比较多，jieba 分词是 Python 库中的一个优秀分词工具。它基于前缀词典实现高效的词图扫描，生成句子中汉字所有可能成词情况所构成的有向无环图 (DAG)；采用了动态规划查找最大概率路径，找出基于词频的最大切分组合；对于未登录词，采用了基于汉字成词能力的 HMM 模型，使用了 Viterbi 算法。它的网址为 https://github.com/yanyiwu/cppjieba。

**2. 词云**

词云就是对网络文本中出现频率较高的"关键词"予以视觉上的突出，形成"关键词云层"或"关键词渲染"，从而过滤掉大量的文本信息，使浏览者只要一眼扫过文本就可以领略文本的主旨。词云是数据可视化的一种形式，根据关键词的出现频率而生成的一幅图像，如图 9-2 所示。

图 9-2　一款词云效果图

**阅读角**

### 词　云

WordItOut 词云图。它操作简单，进入网站后只需要输入一段文本，然后就可以生成各种样式的"云"文字。用户可以根据自己的需要对 WordItOut 进行再设计，比如颜色、字符、字体、背景、文字位置等，保存下载后，可以复制。但是 WordItOut 是不识别中文的，如果输入中英混合的文本，保存后只显示英文字体，对于不懂英文的同学是比较痛苦的。它的网址为 http://worditout.com/ 。

Tagxed 词云图。它有几大优点：强大的导入功能（可导入网页、文字等），自定义设置词云形状，可导入的字体、颜色、主题多（多种选择）等。最重要的是它支持中文。它的网址为 http://www.tagxedo.com/ 。

WordArt 词云图。WordArt 云可以自定义字体、词云的形状、颜色等，做出来的词云图很酷炫，为网站访问者提供良好的用户体验。它的网址为 https://wordart.com/ 。

图悦。这款国内的在线词频分析工具，在长文本自动分词并制作词云方面还是很出众的，而且也容易上手，还可以自定义定制图形模板：标准、微信、地图等，切换自如，用起来体验很不错。它的网址为 http://www.picdata.cn/ 。

BDP 个人版词云图。这是一款数据可视化工具，除了词云，还有很多其他酷炫的图表，如 GIS 地图、漏斗图等。BDP 很容易上手，直接把词语这个数据拉到维度栏，再选择词云就瞬间呈现词云图表，BDP 会自动算好词频，可以设置颜色，快速实现词云可视化。它的网址为 https://me.bdp.cn/home.html 。

wordcloud 词云库。它是优秀的词云展示第三方库，词云以词语为基本单位，更加直观和艺术地展示文本。它的网址为 https://github.com/amueller/word_cloud 。

### 3. jieba 的安装和简介

"结巴" 中文分词支持繁体分词，支持自定义词典，还支持四种分词模式：

1）精确模式，试图将句子最精确地切开，适合文本分析。

2）全模式，把句子中所有可以成词词语都扫描出来，速度非常快，但是不能解决歧义。

3）搜索引擎模式，在精确模式的基础上，对长词再次切分，提高召回率，适合用于搜索引擎分词。

4）paddle 模式，利用 PaddlePaddle 深度学习框架，训练序列标注（双向 GRU）网络模型实现分词。

它的安装方法很简单，可以直接使用 PIP 进行安装：

```
pip  install   jieba
```

它的常用函数见表 9-1。

表 9-1　jieba 库的常用函数

| 函数名称 | 描述 |
| --- | --- |
| jieba.lcut(s) | 精确模式，返回一个列表类型 |
| jieba.lcut(s,cut_all=True) | 全模式，返回一个列表类型 |
| jieba.lcut_for_search(s) | 搜索引擎模式，返回一个列表类型 |
| jieba.add_word(w) | 向分词的词典增加新词 w |

【范例 9-1】　jieba 库的三种分词模式

应用 jieba 库的三种分词模式，对字符串"jieba 是优秀的中文分词第三方库"进行分词。

```python
import jieba
s='jieba 是优秀的中文分词第三方库'
result=jieba.lcut(s)    # 精确模式
print(" 精确模式: ",result)


result=jieba.lcut(s,cut_all=True) # 全模式
print(" 全模式: ",result)


result=jieba.lcut_for_search(s) # 搜索引擎模式
print(" 搜索引擎模式: ",result)


#jieba.enable_paddle()# 启动 paddle 模式。0.40 版之后开始支持，早期版本不支持
#result = jieba.cut(s,use_paddle=True) # 使用 paddle 模式
# print("paddle 模式: ",result)


jieba.add_word(' 计算机编程语言 ')# 加入新词
result=jieba.lcut(s)    # 精确模式
print(" 加入新词后的精确模式: ",result)
```

结果如下：

精确模式: ['Python', ' 是 ', ' 一门 ', ' 计算机 ', ' 编程语言 ']
全模式: ['Python', ' 是 ', ' 一门 ', ' 计算 ', ' 计算机 ', ' 算机 ', ' 编程 ', ' 编程语言 ', ' 语言 ']
搜索引擎模式: ['Python', ' 是 ', ' 一门 ', ' 计算 ', ' 算机 ', ' 计算机 ', ' 编程 ', ' 语言 ', ' 编程语言 ']
加入新词后的精确模式: ['Python', ' 是 ', ' 一门 ', ' 计算机编程语言 ']

从结果中可以对比看到精确模式将字符串分割成等量的中文词组，而全模式则把字符串的全部分词都列出来了，冗余性比较大。搜索引擎模式首先执行精确模式，然后再对其中的长词进一步切分获得最终分词结果。精确模式因为不会产生冗余，比较常用。搜索引擎模式更倾向于寻找短词语，这种方式有一定的冗余度，但冗余度相对全模式少一些。在某个项目中选择哪一种分词模式要看项目的实际需求。

加入新词"计算机编程语言"后，遇到它时就不会再进行分词。

对于 paddle 模式，需要满足两个条件：jieba 的版本要在 0.40 版以上，并且需要安装 paddlepaddle-tiny 库。目前 paddlepaddle-tiny 支持的 Python 最高版本是 Python 3.7，如果是 Python 高版本则不能运行。详细可查看网站 https://pypi.org/project/paddlepaddle-tiny/#files。

### 4.wordcloud 的安装和简介

wordcloud 库把词云当作一个 WordCloud 对象。wordcloud.WordCloud() 代表一个文本对应的词云，可以根据文本中词语出现的频率等参数绘制词云，词云的形状、尺寸和颜色都可以设定。它的安装方法很简单，可以直接使用 PIP 进行安装：

```
pip install wordcloud
```

在生成词云时，默认会以空格或者标点为分隔符对目标文本进行分词处理，但是对于中文的文本，分词处理需要提前处理好。一般的做法是先将中文文本进行分词，然后以空格或者标点拼接，再调用 wordcloud 库函数。wordcloud 的常用方法见表 9-2。

表 9-2 wordcloud 的常用方法

| 方法 | 描述 |
| --- | --- |
| w.generate(txt) | 向 WordCloud 对象 w 中加载文本 txt<br>例如：w.generate("Python and WordCloud") |
| w.to_file(filename) | 将词云输出为图像文件，.png 或 .jpg<br>例如：w.to_file("outfile.png") |

**【范例 9-2】** wordcloud 库生成词云

应用 wordcloud 库对以下字符串"Python JAVA C# C++ ASP.NET Python and WordCloud Python"生成一个词云，并保存为图片。

```
import wordcloud

w = wordcloud.WordCloud()            # 步骤1: 配置对象参数
w.generate("Python  JAVA  C#  C++  ASP.NET Python    and WordCloud  Python")
                                     # 步骤2: 加载词云文本
w.to_file("pywordcloud.png")         # 步骤3: 输出词云文件
```

它生成了一张图片 pywordcloud.png，效果如图 9-3 所示。从图 9-3 中可以看到"Python"文字比较大，这是因为它的词频是字符串中最高的。

图 9-3　一组英文单词词云效果

wordcloud 也可以生成任何形状的词云，为了获取形状，需要提供一张相应形状的图像。图像最好是 PNG 格式的图片，其他无关的轮廓或者内容提前使用图像处理软件清除好。

对于图片的读取可以使用 imageio 库。imageio 是一个 Python 库，它提供了一个简单的接口来读取和写入大量的图像数据，包括动画图像、体积数据和科学格式。

```
imageio.imread()    # 从指定的文件读取图像。
```

wordcloud 处理中文时，还可以指定用到的中文字体。中文字体文件需要与代码存放在同一个目录下。如果不放在同一个目录下，中文字体文件要提供完整路径。表 9-3 是 wordcloud 的常用参数。

表 9-3　wordcloud 的常用参数

| 参数 | 描述 |
| --- | --- |
| width | 指定词云对象生成图片的宽度，默认为 400 像素 |
| height | 指定词云对象生成图片的高度，默认为 200 像素 |
| min_font_size | 指定词云中字体的最小字号，默认为 4 号 |
| max_font_size | 指定词云中字体的最大字号，根据高度自动调节 |

（续）

| 参数 | 描述 |
| --- | --- |
| font_step | 指定词云中字体字号的步进间隔，默认为 1 |
| font_path | 指定字体文件的路径，默认为 None |
| max_words | 指定词云显示的最大单词数量，默认为 200 |
| stop_words | 指定词云的排除词列表，即不显示的单词列表 |
| mask | 指定词云形状，默认为长方形，需要引用 imread() 函数 |
| background_color | 指定词云图片的背景颜色，默认为黑色 |

**【范例 9-3】** wordcloud 库生成一个心形词云

应用 wordcloud 库对素材中的 "phthon.txt" 文件中的文本生成一个词云，并保存为图片。这个文本也可以更换为其他长文本。原始参照图形如图 9-4 所示。

图 9-4  词云心形原始参照图形

```
import wordcloud
from imageio import imread # 导入 imageio 模块，用于读取图形

# 读取文本
file=open('python.txt','r',encoding='utf-8')
txt=file.read()
# 读取图片
maskImage=imread('love.png')  # 图片形状
w = wordcloud.WordCloud()
# 配置参数，并生成词云
w = wordcloud.WordCloud(background_color="white",\
            width=600,height=500,mask=maskImage)
w.generate(txt)
```

```
#生成词云图片
w.to_file("pywcloud.png")
```

它生成了一张图片 pywcloud.png，效果如图 9-5 所示。它的宽是 600px，高是 500px，使用了图片 love.png 的词云形状，背景颜色为白色 white。单词"Python"的词频最大，从词云中可以很直观地看到哪些是高频单词。

图 9-5　心形词云效果

## 案例——可视化中文词云项目

### 案例描述

扶贫是保障贫困户的合法权益，取消贫困负担。2020 年 11 月 23 日，中国 832 个国家级贫困县全部脱贫摘帽。我国脱贫攻坚取得的成就，见证了"中国力量"。消除绝对贫困是一项对中华民族、对人类都具有重大意义的伟业！

小刘在一间大数据技术应用与开发公司工作，是一名 Python 程序员。他的项目经理要求他对一篇关于中国精准扶贫的文章进行中文分词，并对高频出现的一些词语自动生成一个词云图。这个词云图将会应用于一个大数据可视化大屏展示系统中。

### 案例分析

本案例可以用 Python 语言 jieba 分词库对文章进行中文分词，统计出高频的词语，然后结合 wordcloud 词云库自动化地生成词云。它的主要实施步骤为：

1）使用 IO 函数，对文本文件读取。

2）应用 jieba 进行中文分词。

3）词频统计。

4）对词频进行排序。

5）对高频词进行输出显示，并对分词使用空格拼接成字符串。

6）读取图片，以生成词云的形状。

7）设置 wordcloud 的参数，自动生成词云图片并保存。

需要注意的是本案例要提前安装 imread，命令如下：

pip install imread

如果直接安装不成功，可以从网站 http://www.lfd.uci.edu/~gohlke/pythonlibs/ 下载 whl 文件进行安装。

**实施步骤**

在 PyCharm 软件中新建 Python 文件 "ChineseWordCloud.py"，输入以下代码。同时将需要中文分词的文章以 TXT 格式文件 "article.txt" 保存在相同的文件夹中。

```
import jieba
import wordcloud
from imageio import imread  # 导入 imageio 模块，用于读取图形


#01 读取文件，并保存在 mytxt 中
myfile=open('article.txt', mode='r', encoding='UTF-8')
mytxt=myfile.read()
myfile.close()


#02 使用 jieba 库，采用精确模式进行中文分词
mywords=jieba.lcut(mytxt)


#03 词频计数
wordsCounts={}
for oneword in mywords:
    if len(oneword)==1:  # 排除单个字符的分词结果
```

```
        continue
    else:
        wordsCounts[oneword]=wordsCounts.get(oneword,0)+1
exclude50Words={"11"," 日期 "} # 需要排除的关键字，用于统计高频词
for oneword in exclude50Words:
    del(wordsCounts[oneword])# 删除需要排除的关键字


#04 对词频进行排序
items=list(wordsCounts.items())
items.sort(key=lambda  x:x[1],reverse=True)


#05 输出高频词和使用空格拼装字符串，因为 jieba 库可以允许以空格进行分词
new50word=''   # 定义一个变量，这里是一对单引号
newAllword=' '.join(mywords)  # 拼接字符串：全文的分词使用空格连接
for i in range(50):
    oneword,wordsCounts=items[i]
    new50word+=" "+oneword   # 拼接字符串：只对前 50 个高频词使用空格连接
    print("{0:<10}{1:>5}".format(oneword,wordsCounts)) # 输入高频词


#06 读取图片
maskImage=imread('sampleMask.png') # 图片形状，空白位置透明的 PNG 图片

#07 生成词云的系列操作
excludeWords={"11"," 日期 "," 的 "," 要 "," 和 "," 是 "}  # 需要排除的关键字，用
于生成词云
w = wordcloud.WordCloud()
w=wordcloud.WordCloud(background_color="white",\
        width=600,height=500,font_path="msyh.ttc",\
        stopwords=excludeWords,mask=maskImage) # 配置词云的参数
w.generate(newAllword)   # 对全文的分词生成词云
w.to_file("myAllWords.png")
w.generate(new50word)   # 对 50 个高频词生成词云
w.to_file("my50Words.png")
```

#08 告诉用户执行结果
print(" 已经生成词云图片，打开项目文件夹根目录可以查看。")

以上词云参数中使用字体"msyh.ttc"，它是微软雅黑字体，可以从"C:\Windows\Fonts"中找到相应的字例，然后复制到"ChineseWordCloud.py"项目文件相同的目录下，系统就会自动调用该字体。

**调试结果**

在代码编辑区按 <Shift+F10> 组合键或者单击鼠标右键在弹出的快捷菜单中选择"运行"命令即可调试，效果如图 9-6 和图 9-7 所示，这是一个点赞的大拇指效果图。从效果图中可以看到词频最高的词语的字体最大。

图 9-6　五十个高频词的词云效果图

图 9-7　全文分词的词云效果图

它的高频词如图 9-8 所示，"脱贫"是这一篇文章的热点词，它真实地反映了我国在精准扶贫工作上的目标。

```
Run:    ChineseWordCloud ×                                            ☼ —
  ▶  ↑   "C:\Program Files (x86)\Python38-32\python.exe" D:/pythonBook/pythonProject12/proj
  ■  ↓   Building prefix dict from the default dictionary ...
         Loading model from cache C:\Users\ADMINI~1\AppData\Local\Temp\jieba.cache
  ⑊  ⇥   Loading model cost 0.664 seconds.
  ≛  ↵   Prefix dict has been built successfully.
  ⊟      脱贫          164
  ✦      攻坚           77
  🖶     普查           67
  🗑     扶贫           57
         工作           40
         攻坚战         37
         2020          36
         贫困人口       36
```

图 9-8　高频词的分词效果

## 试一试

1）找一些其他中文文章生成词云，看一下它的效果是如何的。比如中国的高铁事业、中国的航天事业、中国的北斗导航、中国应对"新冠"疫情的故事等。

2）找一些其他图形，以生成更具创意的词云形状。比如五角星、大拇指、树叶、某个人的头像、飞机的造型、高铁的造型等。

## 9.2 网络爬虫库的应用——新闻网页爬虫项目

对于大数据行业，数据的价值不言而喻。在这个信息爆炸的年代，互联网上有太多的信息数据。对于中小微公司，合理利用爬虫爬取有价值的数据是弥补自身先天数据短板的不二选择。

在学习 Python 开发的过程中，一个比较常见的案例就是采用 Python 开发爬虫。用 Python 开发爬虫是比较方便的，尤其在当前的大数据时代，通过爬虫来获取 Web 数据是一个比较常见的数据采集方式，所以在大数据应用的早期，通过 Python 开发爬虫是不少 Python 程序员的重要工作内容之一。

Python 爬虫常用框架或者模块有以下一些：Scrapy、PySpider、Crawley、Portia、Newspaper、requests、Beautiful Soup、Grab、Cola 和 selenium。其中 Scrapy 是一个为了爬取网站数据、提取结构性数据而编写的应用框架，可以应用在包括数据挖掘、信息处理或存储历史数据等一系列的程序中。它是很强大的爬虫框架，可以满足简单的页面爬取，比如可以明确获知 url pattern 的情况。

### 1. requests 的安装和简介

requests 库是一个常用的用于 HTTP 请求的模块，它使用 Python 语言编写，可以方便地对网页进行爬取，是学习 Python 爬虫的较好的 HTTP 请求模块。

requests 库支持非常丰富的链接访问功能，包括域名和 URL 的获取、HTTP 长连接和连接缓存、HTTP 会话和 cookie 保持、浏览器的 SSL 验证、基本的制作摘要认证、有效的键值对 cookie 记录、自动解压缩、自动内容解码、文件分块上传、HTTP 和 HTTPS 代理功能、连接超时处理、流数据下载等。Requests 支持 Python 2.6~2.7 以及 3.3~3.7，而且能在 PyPy 下运行。

有关它的更多介绍请访问英文网站 https://2.python-requests.org/en/latest/ 或者中文网

站 https://2.python-requests.org/zh_CN/latest/index.html。

它的安装方法很简单，可以直接使用 PIP 进行安装：

```
pip install    requests
```

它的常用函数见表 9-4。

表 9-4    requests 库常用的函数

| 方法 | 说明 |
|------|------|
| requests.request() | 构造一个请求，支持以下各种方法：get、post、head、put、patch 和 delete 等 |
| requests.get() | 获取 HTML 的主要方法 |
| requests.head() | 获取 HTML 头部信息的主要方法 |
| requests.post() | 向 HTML 网页提交 post 请求的方法 |
| requests.put() | 向 HTML 网页提交 put 请求的方法 |
| requests.patch() | 向 HTML 提交局部修改的请求 |
| requests.delete() | 向 HTML 提交删除请求 |

【范例 9-4】　requests 的基本方法

应用 requests 库的 get() 方法，可以快速获取指定 URL 网页的信息。

其中 response 对象有以下属性（见表 9-5）：

表 9-5    response 对象的一些属性

| 属性 | 说明 |
|------|------|
| r.status_code | HTTP 请求的返回状态，若为 200 则表示请求成功 |
| r.text | HTTP 响应内容的字符串形式，即返回的页面内容 |
| r.encoding | 从 HTTP header 中猜测的相应内容编码方式 |
| r.apparent_encoding | 从内容中分析出的响应内容编码方式（备选编码方式） |
| r.content | HTTP 响应内容的二进制形式 |

以下范例中使用简单的几行代码就可以实现抓取百度首页的信息。

```
import requests
response=requests.get("https://www.baidu.com/")
```

```
print('response 类型 :',type(response)) # 获取 <class 'requests.models.Response'> response 类型
print(' 获取状态码 :',response.status_code) #200 获取状态码
print(' 网页 cookies:',response.cookies) # 获取网页 cookies ， Requests CookieJar
print(' 请求头 :',response.headers) # 获取请求头
#print(response.text) # 获取网页源码
#print(response.content) # 获取网页源码
```

结果如下：

```
response 类型 : <class 'requests.models.Response'>
获取状态码 : 200
网页 cookies: <RequestsCookieJar[<Cookie BDORZ=27315 for .baidu.com/>]>
请求头 : {'Cache-Control': 'private, no-cache, no-store, proxy-revalidate, no-transform',
'Connection': 'keep-alive', 'Content-Encoding': 'gzip', 'Content-Type': 'text/html', 'Date': 'Fri,
22 Jan 2021 05:38:40 GMT', 'Last-Modified': 'Mon, 23 Jan 2017 13:24:32 GMT', 'Pragma':
'no-cache', 'Server': 'bfe/1.0.8.18', 'Set-Cookie': 'BDORZ=27315; max-age=86400; domain=.
baidu.com; path=/', 'Transfer-Encoding': 'chunked'}
```

提示：其中 response.text 和 response.content 可以获取网页源码，读者可以自己尝试一下。

【范例 9-5】 使用 requests 下载一个网页到本地

应用 requests 库可以快速地将一个 URL 网页的源码信息下载下来，并保存到本地。以下范例把百度新闻首页抓取下来并保存到文本文件 newshtml.txt 中。

```
import requests

# 使用 requests 的 get() 获取网页 HTML 代码，并编码
r = requests.get('http://news.baidu.com/')
r.encoding = 'utf-8'   # 对中文进行 utf-8 编码，避免出现乱码
```

```
#写入本地文件
f=open('newshtml.txt',mode='w') # 保存文件，如果 newshtml.txt 文件已经存在，则
会重写。如果 newshtml.txt 文件不存在，则创建
f.writelines(r.text) # 写入多行
f.close() # 关闭文件
print(' 网页抓取结束，并写入文件 newshtml.txt 成功 ')
```

结果如下：

网页抓取结束，并写入文件 newshtml.txt 成功

提示：使用 requests.get(url) 可以抓取网页，也可以加上超时要求，如 r = requests. get(url, timeout=30) 表示请求超时时间为 30 秒。在文件夹中找到 newshtml.txt 并打开它，它的源代码效果如图 9-9 所示。

图 9-9 抓取网页的源代码效果

 阅读角

### 爬虫与职业道德

据说互联网上 50% 以上的流量都是爬虫创造的，也许你看到的很多热门数据都是爬虫所创造的，所以可以说无爬虫就无互联网的繁荣。曾有报道程序员因写爬虫违法抓取

信息而被刑侦的事件。

国家颁布了《中华人民共和国网络安全法》之后，对网络安全有了更高的要求。随着中国经济的不断发展，知识产权问题会越来越受到重视，非法爬虫是一个重要的被打击部分。技术本身是没有对错的，但使用技术的人是有对错的。公司或者程序员如果明知使用其技术是非法的还去使用，那么他们就需要为之付出代价。

编写爬虫程序爬取数据之前，为了避免某些有版权的数据后期带来诸多法律问题，可以通过查看网站的 robots.txt 文件来避免爬取某些网页。

robots 协议告知爬虫等搜索引擎哪些页面可以抓取，哪些不能。它只是一个通行的道德规范，没有强制性规定，完全由个人意愿遵守。作为一名有道德的技术人员，遵守 robots 协议有助于建立更好的互联网环境。网站的 robots 文件地址通常为网页主页后加 robots.txt，如 www.baidu.com/robots.txt。

### 2. beautifulsoup4 的安装和简介

当把内容爬下来之后，如何提取出其中需要的具体信息？

HTML 文档本身是结构化的文本，有一定的规则，通过它的结构可以简化信息提取。于是，就有了 lxml、pyquery、Beautiful Soup 等网页信息提取库。一般会用这些库来提取网页信息。其中，lxml 有很高的解析效率，支持 xPath 语法（一种可以在 HTML 中查找信息的规则语法）；pyquery 得名于 jQuery（知名的前端 js 库），可以用类似 jQuery 的语法解析网页。Beautiful Soup 是一个可以从 HTML 或 XML 文件中提取数据的 Python 库。它能够通过用户喜欢的转换器实现惯用的文档导航、查找、修改文档的方式。

Beautiful Soup 会帮用户节省很多工作时间。它的安装方法很简单，可以直接使用 PIP 进行安装：

```
pip install  beautifulsoup4
```

要注意，包名是 beautifulsoup4。如果不加上 4，会是老版本，它是为了兼容性而存在，目前已不推荐使用。

有关它的更多介绍请访问网站 https://beautifulsoup.readthedocs.io/zh_CN/v4.4.0/ 或者 https://www.crummy.com/software/BeautifulSoup/。

安装解析器是 beautifulsoup4 应用中很重要的一部分。beautifulsoup4 支持 Python 标准库中的 HTML 解析器，还支持一些第三方的解析器，比如 lxml 和 html5lib。推荐使用 lxml 作为解析器，因为它的效率更高。它的安装方法很简单，可以直接使用 PIP 进行安装：

```
pip  install    lxml
pip  install    html5lib
```

**【范例 9-6】** 使用 beautifulsoup4 进行简单的网页解析

有一段百度新闻首页的源代码，通过 beautifulsoup4 解析，把一些信息提取出来。因为 HTML 源代码比较复杂，这里使用了三引号把源代码引用，调用了 lxml 解析器。

```
from bs4 import BeautifulSoup

# 一段 HTML 代码
baiduhtml="""
<html class="expanded">
<head>
<!--STATUS OK-->
<meta http-equiv=Content-Type content="text/html;charset=utf-8">
<meta http-equiv="X-UA-Compatible" content="IE=Edge,chrome=1">
<meta charset="utf-8"/>
<title> 百度新闻——海量中文资讯平台 </title>
<meta name="description" content=" 百度新闻是包含海量资讯的新闻服务平台，
真实反映每时每刻的新闻热点。您可以搜索新闻事件、热点话题、人物动态、产品
资讯等，快速了解它们的最新进展。" >
"""

# 创建 Beautiful Soup 对象
soup = BeautifulSoup(baiduhtml,'lxml')

# 获取 title 的整个标签和它的文字内容
print('01:',soup.title, soup.title.string) # 获取指定标签，获取指定标签里面的内容
print('02:',soup('title'), soup('title')[0].string) # 获取指定标签也可以写成这样

# 获取 meta 标签的指定内容或者首次出现整个 meta 标签
```

```
print('03:',soup.meta.get('content')) # 获取指定标签的属性
print('04:',soup.meta) # 获取第一个标签（多个只取第一个）
print('05:',soup.find('meta')) # 获取第一个标签，结果和上面一样

# 获取指定属性的 meta 标签和它的属性内容
print('06:',soup.find('meta', attrs={'name':'description'})) # 获取第一个标签，根据属性
过滤获取
print('07:',soup.find('meta', attrs={'name':'description'}).get('content')) # 通过 get() 可以
指定属性获取内容
```

结果如下：

01: \<title\> 百度新闻——海量中文资讯平台 \</title\> 百度新闻——海量中文资讯平台

02: [\<title\> 百度新闻——海量中文资讯平台 \</title\>] 百度新闻——海量中文资讯平台

03: text/html;charset=utf-8

04: \<meta content="text/html;charset=utf-8" http-equiv="Content-Type"/\>

05: \<meta content="text/html;charset=utf-8" http-equiv="Content-Type"/\>

06: \<meta content=" 百度新闻是包含海量资讯的新闻服务平台，真实反映每时每刻的新闻热点。您可以搜索新闻事件、热点话题、人物动态、产品资讯等，快速了解它们的最新进展。" name="description"/\>

07: 百度新闻是包含海量资讯的新闻服务平台，真实反映每时每刻的新闻热点。您可以搜索新闻事件、热点话题、人物动态、产品资讯等，快速了解它们的最新进展。

以上代码范例直接解析指定的标签，或者根据标签的属性参数进行解析。比如：

soup.meta 即是获取获取第一个 meta 标签。

soup.meta.get('content') 即是获取 meta 标签中的属性 content。

soup.find('meta', attrs={'name':'description'}) 是调用 find() 的方法，它可以输入详细的参数。

soup.find('meta', attrs={'name':'description'}).get('content') 调用了 find() 的方法，再调用 get() 指定某一个属性，可以获取指定属性的内容。比如这里就获取了 content 属性的内容。

　　有一段某新闻首页的源代码，通过 beautifulsoup4 的 select() 方法把网站的导航 URL 和导航文字解析出来。在 Beautiful Soup 对象的 .select() 方法中传入字符串参数，即可使用 CSS 选择器的语法找到 tag。

```python
from bs4 import BeautifulSoup

htmlstr="""
<div id="channel-all" class="channel-all clearfix" >
<div class="menu-list">
<ul class="clearfix">
<li class="navitem-index current active"><a href="/"> 首页 </a></li>
<li ><a href="/guonei"> 国内 </a></li>
<li ><a href="/guoji"> 国际 </a></li>
<li ><a href="/mil"> 军事 </a></li>
<li ><a href="/finance"> 财经 </a></li>
<li ><a href="/ent"> 娱乐 </a></li>
<li ><a href="/sports"> 体育 </a></li>
<li ><a href="/internet"> 互联网 </a></li>
<li ><a href="/tech"> 科技 </a></li>
<li ><a href="/game"> 游戏 </a></li>
<li ><a href="/lady"> 女人 </a></li>
<li ><a href="/auto"> 汽车 </a></li>
<li ><a href="/house"> 房产 </a></li>
</ul>
</div>
<i class="slogan"></i>
</div>"""

# 创建 Beautiful Soup 对象
soup = BeautifulSoup(htmlstr,'lxml')
```

```
    print(' 抓取导航，实现方法 1')
    for item in soup.select('div#channel-all a'):
        print(item.get('href'), item.string)


    #print(' 抓取导航，实现方法 2')
    #for item in soup.select('ul.clearfix a'):
    #    print(item.get('href'), item.string)
```

通过观察可以发现整个导航代码都在标签 id="channel-all" 的 div 中，这一个 div 下面出现了 a 标签，它里面有导航的 URL 和导航的文字。通过遍历循环 soup.select ('div#channel-all a') 的方法可以找到 a 标签。找到 a 标签后，通过 get() 指定 href 属性可以获取它的 URL，再通过 string 方法可以直接获取它的内容，即 a 标签中的导航文字。

再细心观察，整个导航代码也在 <ul class="clearfix"> 标签里面，所以可以再缩小范围，使用 soup.select('ul.clearfix a') 来获取导航内容。

它的结果如下：

```
抓取导航，实现方法 1
/ 首页
/guonei 国内
/guoji 国际
/mil 军事
/finance 财经
/ent 娱乐
/sports 体育
/internet 互联网
/tech 科技
/game 游戏
/lady 女人
/auto 汽车
/house 房产
```

在实际项目中，要精准分析网页结构的特征，找准网页 HTML 标签、HTML 的 ID

属性和 CSS 的名称属性这些代码，可以快速地提供和解析网页。

关于 beautifulsoup4 更多的知识，请查看前面的网页。这里只对本书后面新闻网页爬虫项目需要用到的知识作了示例。

### 3.SQLite 数据库的使用

SQLite 是一款轻型的数据库，是遵守 ACID 的关系型数据库管理系统。SQLite 的官方网站为 https://www.sqlite.org/index.html。

SQLite 可使用 sqlite3 模块与 Python 进行集成。它提供了一个与 PEP 249 描述的 DB-API 2.0 规范兼容的 SQL 接口。不需要单独安装该模块，因为 Python 2.5.x 以上版本默认自带了该模块。

它的一些常用的常量、函数和对象如下：

1）Sqlite3.version        # 它是常量，表示版本号。

2）sqlite3.Connect(database) # 它是一个函数，连接数据库以返回 Connect 对象。

3）sqlite3.Connect       # 它表示数据库连接对象

4）sqlite3.Cursor        # 它表示游标对象

5）sqlite3.Row         # 它表示行对象

表 9-6 是 sqlite3 模块程序重要的 API，可以满足在 Python 程序中使用 SQLite 数据库的需求。如果需要了解更多细节，请查看 Python sqlite3 模块的网页 https://sqlite.org/docs.html 或者 https://docs.python.org/2/library/sqlite3.html。

表 9-6   sqlite3 模块程序重要的 API

| 序号 | API 及 描述 |
|---|---|
| 1 | sqlite3.connect(database [,timeout ,other optional arguments])<br>该 API 打开一个到 SQLite 数据库文件 database 的连接。如果数据库成功打开，则返回一个连接对象。timeout 参数表示连接等待锁定的持续时间，直到发生异常断开连接。timeout 参数默认是 5.0（秒）。如果给定的数据库名称 database 不存在，则该调用将创建一个数据库。如果不想在当前目录中创建数据库，那么可以指定带有路径的文件名 |
| 2 | connection.cursor([cursorClass])<br>该例程创建一个 cursor，将在 Python 数据库编程中用到。该方法接受一个单一的可选的参数 cursorClass。如果提供了该参数，则它必须是一个扩展自 sqlite3.Cursor 的自定义的 cursor 类 |
| 3 | cursor.execute(sql [, optional parameters])<br>该例程执行一个 SQL 语句。该 SQL 语句可以被参数化。sqlite3 模块支持两种类型的占位符：问号和命名占位符（命名样式）<br>例如：cursor.execute("insert into people values (?, ?)", (who, age)) |
| 4 | connection.execute(sql [, optional parameters])<br>该例程是上面执行的由游标（cursor）对象提供的方法的快捷方式，它通过调用游标方法创建了一个中间的游标对象，然后通过给定的参数调用游标的 execute 方法 |
| 5 | connection.total_changes()<br>该例程返回自数据库连接打开以来被修改、插入或删除的数据库总行数 |
| 6 | connection.commit()<br>该方法提交当前的事务。如果未调用该方法，那么自上一次调用 commit() 以来所做的任何动作对其他数据库连接来说是不可见的 |

（续）

| 序号 | API 及 描述 |
|---|---|
| 7 | connection.rollback()<br>该方法回滚自上一次调用 commit() 以来对数据库所做的更改 |
| 8 | connection.close()<br>该方法关闭数据库连接。请注意，这不会自动调用 commit()。如果之前未调用 commit() 方法，就直接关闭数据库连接，所做的所有更改将全部丢失 |
| 9 | cursor.fetchone()<br>该方法获取查询结果集中的下一行，返回一个单一的序列，当没有更多可用的数据时，返回 None |
| 10 | cursor.fetchmany([size=cursor.arraysize])<br>该方法获取查询结果集中的下一行组，返回一个列表。当没有更多的可用的行时，返回一个空的列表。该方法尝试获取由 size 参数指定的尽可能多的行 |
| 11 | cursor.fetchall()<br>该例程获取查询结果集中所有（剩余）的行，返回一个列表。当没有可用的行时，返回一个空的列表 |

## 【范例 9-8】 使用 sqlite3 创建数据库和数据表

创建数据库名称为"Student.db"，存放路径为"D:\pythonBook\pythonProject10\SQLite3DB"。在数据库"Student.db"中创建数据表为"tbuser"，它的表结构见表 9-7。

表 9-7 数据表"tbuser"的表结构

| 字段名称 | 类型 | 备注 |
|---|---|---|
| Id | INT | Id 号，主键，不为空 |
| UserCode | VARCHAR(20) | 用户账号，不为空 |
| UserName | VARCHAR(20) | 用户姓名，不为空 |

它的代码如下：

```
import sqlite3
# 创建数据库 Student.db
conn=sqlite3.connect(r'D:\pythonBook\pythonProject10\SQLite3DB\Student.db')
print(" 数据库 Student.db 创建成功 ")

c = conn.cursor()  #cursor() 使用该连接创建（并返回）一个游标对象
c.execute('''CREATE TABLE tbuser
        (ID INT PRIMARY KEY        NOT NULL,
        UserCode    VARCHAR(20)    NOT NULL,
```

```
            UserName   VARCHAR(20)   NOT NULL
        );''')   # 创建数据表 tbuser
print(" 数据表 tbuser 创建成功 ")
conn.commit() # 提交操作
conn.close()   # 关闭 Connection 对象
```

它的运行结果如下：

数据库 Student.db 创建成功

数据表 tbuser 创建成功

**【范例 9-9】** sqlite3 进行增、删、改操作

数据库中的数据需要在不同的程序中进行调用，最为常见的操作是"增、删、改、查"四种操作。在数据库中进行数据的增加、删除和修改操作的一般步骤如下：

1）建立数据库的连接。

2）创建游标对象。

3）根据 SQL 的 Insert、Delete 和 Update 语句，使用 Connection.execute(sql) 执行数据的增加、删除和修改操作，并根据返回的值判断操作结果。

4）提交操作。

5）关闭数据库连接对象。

把以下数据插入到数据表 "tbuser" 中，并对其中的一些数据进行修改和删除操作。测试数据见表 9-8。

表 9-8　测试数据

| ID | userCode | userName | ID | userCode | userName |
|----|----------|----------|----|----------|----------|
| 1 | 10001 | 刘小红 | 6 | 10006 | 金奇 |
| 2 | 10002 | 王小林 | 7 | 10007 | 周泽 |
| 3 | 10003 | 朱梦 | 8 | 10008 | 朱秀娟 |
| 4 | 10004 | 金烨伟 | 9 | 10009 | 姜子文 |
| 5 | 10005 | 王婷 | 10 | 10010 | 秦家兴 |

它的代码如下：

```
import sqlite3
# 连接数据库
conn=sqlite3.connect(r'D:\pythonBook\pythonProject10\SQLite3DB\Student.db')
cur=conn.cursor() # 创建游标对象


# 删除全部数据
sqltxt0="delete from tbuser  "
cur.execute(sqltxt0)
print(" 成功删除一个表的数据 ")


# 插入一行数据（第 1 种方法）
sqltxt1="insert into tbuser (id,UserCode,UserName) values (1,'10001',' 刘小红 ')"
cur.execute(sqltxt1)
print(" 成功插入一行数据（第 1 种方法）")


# 插入一行数据（第 2 种方法）
sqltxt2="insert into tbuser (id,UserCode,UserName) values (?,?,?)"
cur.execute(sqltxt2,(2,'10002',' 王小林 '))
print(" 成功插入一行数据（第 2 种方法）")


# 插入多行数据（第 1 种方法）
sqltxt3="insert into tbuser (id,UserCode,UserName) values  (3,'10003',' 朱
梦 '),(4,'10004',' 金烨伟 '),(5,'10005',' 王婷 '),(6,'10006',' 金奇 ')"
cur.execute(sqltxt3)
print(" 成功插入多行数据（第 1 种方法）")


# 插入多行数据（第 2 种方法）
userList=[(7,'10007',' 周泽 '),(8,'10008',' 朱秀娟 '),(9,'10009',' 姜子文 '),(10,'10010','
秦家兴 ')]
sqltxt3="insert into tbuser (id,UserCode,UserName) values  (?,?,?)"
cur. executemany (sqltxt3,userList)
```

```
print(" 成功插入多行数据（第 2 种方法）")

# 修改一行数据
sqltxt4="update tbuser set  UserName=' 刘丽红 ' where  id=1"
cur.execute(sqltxt4)
print(" 成功修改一行数据 ")

# 删除一行数据
sqltxt5="delete  from  tbuser  where  id=2"
cur.execute(sqltxt5)
print(" 成功删除一行数据 ")


conn.commit()  # 提交操作
conn.close()   # 关闭 Connection 对象
```

运行结果如下：

```
成功删除全部数据
成功插入一行数据（第 1 种方法）
成功插入一行数据（第 2 种方法）
成功插入多行数据（第 1 种方法）
成功插入多行数据（第 2 种方法）
成功修改一行数据
成功删除一行数据
```

请注意，使用 executemany() 可以把多条数据批量插入，批量的数据源可以来自列表。

【范例 9-10】　sqlite3 进行数据的查询操作

在数据库中进行数据的查询操作，它的一般步骤也与上面提到的"增、删、改"操作步骤类似，其中第三步改成 select 查询语句即可，第四步则通常使用循环读取数据内容。

前面的范例已经把数据插入到数据表中，需要检验一下它是否已经成功插入数据。这里可以使用 select 查询语句实现。在 select 语句中可以使用标准的 SQL 语法。下面演示了无条件查询和有条件查询的数据。

```
import sqlite3
# 连接数据库
conn=sqlite3.connect(r'D:\pythonBook\pythonProject10\SQLite3DB\Student.db')
cur=conn.cursor() # 创建游标对象


# 查询全部数据
sqltxt0="select  *  from  tbuser  "
cur.execute(sqltxt0)
print(" 成功查询全部数据 ")
for one in cur:
    print(one)


# 查询某个条件的数据
sqltxt0="select  *  from  tbuser  where id=10 "
cur.execute(sqltxt0)
print(" 成功查询 id=10 的数据 ")
for one in cur:
    print(one)


conn.close()  # 关闭 Connection 对象
```

运行结果如下：

```
成功查询全部数据
(1, '10001', ' 刘丽红 ')
(3, '10003', ' 朱梦 ')
(4, '10004', ' 金烨伟 ')
(5, '10005', ' 王婷 ')
```

(6, '10006', ' 金奇 ')

(7, '10007', ' 周泽 ')

(8, '10008', ' 朱秀娟 ')

(9, '10009', ' 姜子文 ')

(10, '10010', ' 秦家兴 ')

成功查询 id=10 的数据

(10, '10010', ' 秦家兴 ')

对查询全部数据的操作，也可以通过指定列表的索引来匹配具体的数据，比如 one[0]、one[1] 等，代码如下：

```
print(" 成功查询全部数据 ")
for one in cur:
    print('ID:',one[0])
    print('UserCode:', one[1])
    print('UserName:', one[2])
```

## 案例——新闻网页爬虫项目

### 案例描述

　　大数据与网络爬虫技术密不可分。网络爬虫（又被称为网页蜘蛛、网络机器人）是一种按照一定的规则，自动地抓取互联网信息的程序或者脚本。网络爬虫系统是通过网页中的超链接信息不断获得网络上的其他网页的。

　　百度新闻（http://news.baidu.com）由百度爬虫机器人选取每 5 分钟自动更新，它的搜索源于互联网新闻网站和频道，系统自动分类排序。某公司做一个新闻采集项目时，希望研究百度新闻中的新闻信息，用 Python 写一个网页爬虫把百度新闻的新闻抓取下来，并存入数据库中，以作实验学习用。

**案例分析**

本案例可以用 Python 语言 requests 库抓取网页，使用 beautifulsoup4 解析网页，提取有用的信息后，再通过 SQLite 作为数据库存储起来。它的主要实施步骤为：

1）分析网页 HTML 代码，选择抓取的入口。

2）创建数据库和数据表。

3）编写爬虫解析函数和数据保存函数等自定义函数，以供程序调用。

4）编写程序入口，调用自定义函数进行网页的抓取。

5）编写测试代码，测试数据表是否已经正确保存抓取的网页数据。

**实施步骤**

（1）分析网页 HTML 代码

在网页中打开百度新闻（http://news.baidu.com）网页并查看网页源代码。找到主导航代码块，如前面的范例 9-7 中的代码，发现导航内容都在标签 <div id="channel-all" class="channel-all clearfix" > 中，导航网页解析器可以此为入口。它的代码如下：

```
<div id="channel-all" class="channel-all clearfix" >
<div class="menu-list">
……
```

再分析"国内、国外、军事"等主导航对应的网页源代码，发现所有主体新闻信息都在标签 <div id="body" alog-alias="b"> 中，新闻标题网页解析器可以此为入口。它的代码如下：

```
<div id="body" alog-alias="b">
<div class="column clearfix" id="col_toparea" alog-group="log-mil-toparea">
……
```

可以结合以上两个网页源代码的特征，设计网页解析器。

（2）设计数据库和数据表

设计数据库名称为 web.db，创建一个数据表为 tbnews。数据表的表结构见表 9-9。其中对新闻标题生成 MD5 值，用于辅助去重。

表 9-9　tbnews 数据表的表结构

| 序号 | 字段 | 类型 | 要求 | 中文含义 |
| --- | --- | --- | --- | --- |
| 1 | ID | INTEGER | 主键，自增值 | ID 号 |
| 2 | newsTitle | VARCHAR(100) | | 新闻标题 |
| 3 | newsURL | VARCHAR(100) | | 新闻 URL |
| 4 | logDatetime | datetime | 默认为服务器时间 | 抓取时间 |
| 5 | newsURLMd5 | VARCHAR(32) | | 新闻 URL 的 MD5 |
| 6 | newsType | VARCHAR(20) | | 新闻分类 |

在 PyCharm 软件中新建 Python 文件"CreateDatabase.py"，输入以下代码并运行它，即可以完成数据表的创建。

```
import sqlite3

conn=sqlite3.connect(r'web.db')# 创建数据库 Student.db
print(" 数据库 Student.db 创建成功 ")

c = conn.cursor()   #cursor() 使用该连接创建（并返回）一个游标对象
c.execute('''
CREATE TABLE tbnews
    (ID INTEGER PRIMARY KEY  NOT NULL ,
    newsTitle  VARCHAR(100)   NOT NULL,
    newsURL   VARCHAR(100)    NOT NULL,
    logDatetime   datetime default (datetime('now', 'localtime'))  NOT NULL,
    newsURLMd5   VARCHAR(32)    NOT NULL,
    newsType   VARCHAR(20)    NOT NULL
    ); ''')  # 创建数据表 tbnews
print(" 数据表 tbnews 创建成功 ")
conn.commit()  # 提交操作
conn.close()   # 关闭 Connection 对象
```

（3）编写爬虫解析函数

在 PyCharm 软件中新建 Python 文件"baiduNews.py"，输入以下代码。定义

函数 getNewsUrl(BeautifulSoupName,str_NewsType ) 用于解析和处理新闻网页。根据前面的分析，使用 select('div#body  a') 作为解析的入口。把一些无用链接（比如 'javascript:void(0); 等）过滤掉，再把 { 新闻 URL：新闻标题 } 保存在字典 dict_urls_hotwords 中。为了让用户清楚抓取了多少数据和性能，还设计了数量统计 urlTotal 和耗时统计 durn 两个变量。在最后调用 saveUrlsToDatabase(str_NewsType,str_datetime,dict_urls_hotwords)，以保存到数据库中。

```python
# 文件 baiduNews.py 的代码
import time
import datetime
import hashlib
import requests
import sqlite3
from bs4 import BeautifulSoup


# 定义函数，应用 beautifulsoup4 解析和处理百度新闻网页的信息
# 函数参数说明
#BeautifulSoupName：一个 Beautiful Soup
#str_NewsType：新闻大类
def getNewsUrl(BeautifulSoupName,str_NewsType ):
time_start = datetime.datetime.now()  # 获得当前时间
# 格式化成 2016-03-20 11:45:39 形式
    str_datetime = time.strftime("%Y-%m-%d %H:%M:%S", time.localtime())
    dict_urls_hotwords={} # 定义字典，保存多个 URL
    urlTotal=0
    for item in BeautifulSoupName.select('div#body  a'):
        # if 语句把新闻 URL 和新闻标题为 None 的对象过滤掉，把 JavaScript 格式
的 URL 过滤掉，把 URL 前面不是 http 开头的也过滤掉
        if not(item.string is None ) and not(item.get('href') is None ) and item.get('href')
!='javascript:void(0);'  and item.get('href')[0:4]=='http' :
            dict_one_temp={item.get('href'):item.string} # 构造一个临时字典
            dict_urls_hotwords.update(dict_one_temp) # 更新字典中
```

```
                urlTotal=urlTotal+1
        time_end = datetime.datetime.now()  # 获得当前时间
        durn = (time_end – time_start).total_seconds()  # 两个时间差，并以秒显示出来
        print(' 抓取分类：',str_NewsType,'， 耗时秒数：',durn,'， 抓取数量：',urlTotal)
        if urlTotal>=1:
                saveUrlsToDatabase(str_NewsType,str_datetime,dict_urls_hotwords) # 调用函数，
保存到数据库中
        return
```

（4）编写数据保存函数

继续在此文档中编写函数 saveUrlsToDatabase() 以实现数据的保存操作。在保存入数据表 tbnews 之前先检查当前的 URL 是否已经重复存在，只有数据表没有此数据，才把它插入到数据表 tbnews 中。在检查数据重复的问题上，把新闻的 URL 生成了一个 32 位的 MD5 值，以提升查重的效率。关于 hash 加密算法都放在 hashlib 这个标准库中，使用 hashlib.md5(newsUrl.encode('utf8')).hexdigest() 可以对字符串 newsUrl 生成 MD5 值。

```
# 继续文件 baiduNews.py 的代码
# 第二步：定义数据保存函数
# 函数参数说明
# str_NewsType：新闻大类
# str_datetime：抓取时间
# dict_urls：抓取的 URL 和标题，是一个字典
def saveUrlsToDatabase(str_NewsType ,str_datetime ,dict_urls):
    conn = sqlite3.connect(r'web.db')  # 连接数据库
    cur = conn.cursor()  # 创建游标对象
    for newsUrl ,newTitle in dict_urls.items(): # 遍历字典 dict_urls
        newsURLMd5 = hashlib.md5(newsUrl.encode('utf8')).hexdigest() # 对 URL 生成 MD5
        sql="select *  from tbnews where newsURLMd5='{a}'".format(a=newsURLMd5) #
检查数据表上的数据是否重复
        cur.execute(sql)
        result = cur.fetchone() # 获取一条数据
```

if not result: # 如果没有数据，则执行插入数据表的操作

cur.execute("insert into　tbnews　(newsTitle,newsURL,logDatetime,newsURL
Md5,newsType) values (?,?,?,?,?)", (newTitle ,newsUrl ,str_datetime ,newsURLMd5 ,str_
NewsType))

conn.commit() # 提交操作

conn.close() # 关闭 Connection 对象

return

（5）编写程序入口

继续在此文档中编写代码。首先是从入口的一个网页 http://news.baidu.com 进行
抓取，然后在这个页面中抓取到"首页、国内、国际、军事、财经、娱乐、体育、
互联网、科技、游戏、女人、汽车、房产"等栏目的 13 个 URL，再通过一个 for 循
环把这 13 个 URL 进行抓取。对于这 13 个 URL 中的每一个 URL，都会自动调用
getNewsUrl(soup2,oneTitle) 函数，对具体的代码进行解析和保存到数据表等工作。

# 1. 使用 requests 的 get() 获取网页 HTML 代码，并编码

```
r = requests.get('http://news.baidu.com/')
r.encoding = 'utf-8'
```

#2. 使用 Beautiful Soup 的 lxml 为解析器，对 HTML 代码进行解析
```
soup = BeautifulSoup(r.text, 'lxml') #lxml 为解析器
```

#3. 遍历以提取百度新闻首页的 13 个导航，并调用网页解析函数
```
for item in soup.select('div#channel-all div.menu-list a'):
    oneUrl='http://news.baidu.com'+item.get('href') # 构造一个完整的 URL 地址
    oneTitle=item.string # 导航的文字名称
    r2= requests.get(oneUrl)
    r2.encoding = 'utf-8'
    soup2 = BeautifulSoup(r2.text, 'lxml')
    getNewsUrl(soup2,oneTitle)  # 调用网页解析函数
```

**调试结果**

在代码编辑区按 <Shift+F10> 组合键或者单击鼠标右键在弹出的快捷菜单中选择"运行"命令，即可调试，结果如下。

抓取分类：首页，耗时秒数：0.009973，抓取数量：59

抓取分类：国内，耗时秒数：0.005951，抓取数量：26

抓取分类：国际，耗时秒数：0.00897，抓取数量：22

抓取分类：军事，耗时秒数：0.007978，抓取数量：26

抓取分类：财经，耗时秒数：0.005982，抓取数量：34

抓取分类：娱乐，耗时秒数：0.00598，抓取数量：26

抓取分类：体育，耗时秒数：0.010013，抓取数量：49

抓取分类：互联网，耗时秒数：0.00598，抓取数量：3

抓取分类：科技，耗时秒数：0.012842，抓取数量：138

抓取分类：游戏，耗时秒数：0.011999，抓取数量：99

抓取分类：女人，耗时秒数：0.005982，抓取数量：32

抓取分类：汽车，耗时秒数：0.010968，抓取数量：63

抓取分类：房产，耗时秒数：0.01496，抓取数量：95

**测试代码**

为了验证数据表是否已经成功保存抓取的网页数据，新建一个文件 checkTable. py，并编写查询数据表的代码以验证。

```python
import sqlite3
conn=sqlite3.connect(r'web.db') # 连接数据库
cur=conn.cursor() # 创建游标对象
# 查询全部数据
sqltxt0="select   *   from  tbnews  order by id desc  limit 10 "
cur.execute(sqltxt0)
print(" 成功查询 10 条数据 ")
for one in cur:
    print(one[0],one[1])
conn.close()   # 关闭 Connection 对象
```

它的运行结果如下：

成功查询 10 条数据

736 东方时评 ｜ "无房家庭"购房优先是"房住不炒"应有之 ..

735 轿车年度销量分析：轩逸夺冠，合资品牌优势明显

734 宏光 MINIEV 牛年纪念款正式亮

733 被玩坏的"石墨烯电池"

732 职场健康 /9 个简单动作，给自己做一个"新年免费体检 ..

731 云南省一院：进入医院须戴口罩、扫健康码、测体温 非 ..

730 倒垃圾时不小心手指断了，年轻人要注意这些行为容易受 ..

729 青岛地铁上大爷戴着眼镜还拿放大镜玩手机，网友：负负 ..

728 记者亲历北京东城区西城区核酸检测现场，海淀区这家公

727 百年船厂变身游戏世界

从查询结构可以验证爬虫已经正常运行，抓取的数据已经成功保存到数据表中。
上面查询结果的新闻标题在 PyCharm 中自动截断，省略了部分文字

## 试一试

在遵守职业道德和相关网络安全法律的前提下，请进行如下操作：

1）修改以上代码，让它每5分钟自动抓取百度新闻的网页信息。

2）抓取百度百科（https://baike.baidu.com/）和知乎（https://www.
zhihu.com/）等网站的文字信息。

3）抓取一些图片并把图片保存到本地文件夹中。

4）抓取一些音乐网站或者视频网站，识别它的媒体URL并保存到数据表中。

5）抓取一些需要用户登录后才能查看的网站，把文字信息抓取下来。

## 9.3 数据可视化的应用——商品统计图和二维码自动生成项目

大数据可视化是个热门话题，在信息技术领域，很多企业希望将大数据转化为信息可视化呈现的各种形式，以便获得更深的洞察力、更好的决策力以及更强的自动化处理能力，数据可视化已经成为大数据技术与应用领域的一个重要趋势。

有人会问使用 Excel 也可以生成图表，为什么还要使用 Python 来生成图表呢？Excel 通常是桌面单机使用的，而在很多场合需要联机联网实时生成图表，这时 Excel 就不符合要求了。使用 Python 也可以对数据实时自动生成丰富的图表，以增强对数据可视化的展现。

二维码又称二维条码，常见的二维码为 QR Code，QR 全称为 Quick Response，是一个近几年来在移动设备上使用的一种编码方式，它比传统的 BarCode 条码能存更多的信息，也能表示更多的数据类型。使用 Python 也可以快速地为在线商品自动地生成二维码图片。

## 阅读角

### 二维码

每天，你要用手机扫几次二维码？坐地铁公交、骑共享单车，都需要刷码；结识朋友加个微信，顺手打开"扫一扫"；无论是路边小摊还是高档餐厅，结账时很多店家都可以扫码支付；想吃大闸蟹和新鲜农产品，扫二维码就能随时"查户口"……

二维码又称二维条码（2-dimensional bar code），是近年来在移动设备上使用很流行的一种编码方式，它比传统的 Bar Code 条码能存更多信息，能表示更多的数据类型。二维码用某种特定的几何图形按一定规律在平面分布的黑白相间的图形记录数据符号信息；在代码编制上巧妙地利用构成计算机内部逻辑基础的"0""1"比特流的概念，使用若干个与二进制相对应的几何形体来表示文字数值信息，通过图像输入设备或光电扫描设备自动识读以实现信息自动处理。

毫无疑问，"扫码时代"已经来了。如今，二维码已涉及中国老百姓的吃穿住行，成为金融支付、身份识别、信息查询等各类应用的载体。

作为全球二维码大国，中国正在积极倡导和推动二维码国际标准的建立。在广东佛山举行的 2019 国际二维码产业发展大会上，建立全球性的二维码合作组织和编码标准成为与会各国代表的普遍共识。

## 1.matplotlib 的安装和简介

matplotlib 是 Python 最著名的绘图库，它提供了一整套和 matlab 相似的命令 API，十分适合交互式地进行制图。而且也可以方便地将它作为绘图控件，嵌入 GUI 应用程序中。它的安装方法很简单，可以直接使用 PIP 进行安装：

```
pip install    matplotlib
```

有关它的更多介绍请访问英文网站 https://matplotlib.org/ 或者中文网站 https://www.matplotlib.org.cn/ 。开发者可以仅需要几行代码，便可以生成饼图、直方图、箱形图、条形图和散点图等

【范例 9-11】　使用 matplotlib 生成柱形图

用简单的几行代码就可以生成一个柱形图。

```python
from matplotlib import pyplot as plt

# 支持中文
plt.rcParams['font.sans-serif'] = ['SimHei']   # 用来正常显示中文标签
plt.rcParams['axes.unicode_minus'] = False  # 用来正常显示负号


x = [' 小王 ',' 小陈 ',' 小张 ',' 小军 ',' 小牛 ',' 小红 ']   #X 轴的值
y = [92,86,66,76,80,50]     #Y 轴的值，数量与 X 轴的数量一致
plt.bar(x, y, align = 'center')   #bar 表示柱形图
plt.title(' 学生成绩统计图 ')      # 图表标题
plt.ylabel('Y 轴 ')            #Y 轴
plt.xlabel('X 轴 ')            #X 轴
plt.show()
```

以上几行代码就可以实现生成一个成绩柱形图，它的代码也非常容易理解和上手。有关于更多的图形的用法，这里不一一列举，请自己去探索和发展。

它的结果如图 9-10 所示。

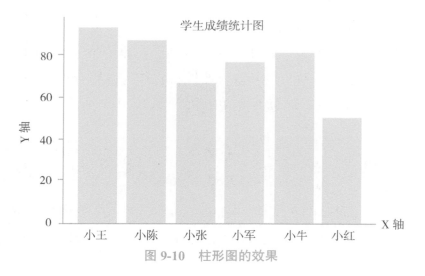

图 9-10  柱形图的效果

### 2.MyQR 的安装和简介

MyQR 是 Python 的一个第三方库，根据需要能够生成普通二维码、带背景图片的艺术二维码、动态二维码。它的安装方法很简单，可以直接使用 PIP 进行安装：

```
pip install   MyQR
```

需要注意的是 MyQR 依赖于 Python 3，在 Python 2 的环境下可能无法正常使用。有关它的更多介绍请访问英文网站 https://github.com/sylnsfar/qrcode。

【范例 9-12】 使用 MyQR 生成二维码

用简单的几行代码就可以生成一个二维码。

```
from MyQR import myqr # 导入库
myqr.run(
    words='https://www.baidu.com/',# 二维码的内容
    colorized=True,          #是否有颜色，如果为 False 则为黑白
    save_name='code.png'     #输出文件名
)
print(' 二维码已经生成。')
```

它生成的效果图如图 9-11 所示。

图 9-11　MyQR 生成的二维码效果图

它的参数很容易理解，如下：

1）words：二维码内容，可以是链接或者简单的句子。

2）version：二维码大小，范围为 [1,40]。

3）level：二维码纠错级别，范围为 {L,M,Q,H}，H 为最高级，也是默认级别。

4）picture：自定义二维码背景图，支持格式为 .jpg、.png、.bmp、.gif。

5）colorized：二维码背景颜色，默认为 False，黑白色。

6）contrast：对比度，值越高对比度越高，默认为 1.0。

7）brightness：亮度，值越高亮度越高，默认为 1.0，值常和对比度相同。

8）save_name：二维码名称，默认为 qrcode.png。

9）save_dir：二维码路径，默认为程序工作路径。

## 案例——商品统计图和二维码项目

### 案例描述

　　某商家开发了在线网上商城平台，为了配合网上电子商务业务的开展，需要对大量的商品实时地自动和批量生成二维码图，以支持线上和线下的营销活动；并要求对商品的统计数据自动生成统计图，以可视化的视角为商家提供数据参考。

### 案例分析

　　本案例可以用 Python 语言的 matplotlib 库实时自动生成统计图，采用 MyQR 库自动生成商品的二维码图片。它的主要实施步骤为：

1）从数据库中获取商品数据的信息。

2）将商品的信息生成二维码图并保存在硬盘中。

3）对商品的统计数据实时生成统计图。

4）验证程序结果。

### 实施步骤

（1）从数据库中获取商品数据的信息

sqlite3 类型的数据库 webshop.db 已经同步放在项目源代码根目录，数据表 products 已经存放了 490 多条相关的数据，可以直接使用。它的数据格式为：ID（ID 号），productCode（产品代码），productPrice（价钱），productTotal（数量），product Money（金额小计），LogDate（记账时间），productUrl（商品网址）。

在 PyCharm 软件中新建 Python 文件"onlineShopList.py"。它的代码如下：

```
import sqlite3
import os
from matplotlib import pyplot as plt
from MyQR import myqr


conn=sqlite3.connect(r'webshop.db') # 连接数据库
cur=conn.cursor() # 创建游标对象
# 查询全部数据
sqltxt0="select   *   from  products  order by id desc "
cur.execute(sqltxt0)
```

（2）将商品的信息生成二维码图并保存在硬盘中

因为二维码数量很多，把它们放在项目目录下的 picture 文件夹中，二维码的文件名以产品代码命名。它的代码如下：

```
# 对商品的信息生成二维码图并保存在硬盘中
for one in cur:
    #print(one) 可以打印当前的一条数据
    # 如果文件夹不存在，则创建文件夹
    dirpicture=os.getcwd()+'\picture'
```

```
isExists = os.path.exists(dirpicture)
if not isExists:
    os.makedirs(dirpicture)
# 生成二维码，并指定保存路径
myqr.run(
    words=one[6], # 二维码的内容，以产品的 URL 为内容
    colorized=True, # 是否有颜色，如果为 False 则为黑白
    save_name=one[1]+'.png', # 输出文件名，以产品代码为名
    save_dir=dirpicture # 输出路径
)
```

（3）对商品的统计数据实时生成统计图

数据表记录的时间为 YYYY–MM–DD HH:MM:SS 的格式，使用 strftime('%Y', logDate) 提取年份，使用 strftime('%m',logDate) 提取月份，然后通过编写 SQL 语句和 SUM（）聚合函数，统计每个月份的销售总和。关于 SQL 查询的知识，本书不作深入介绍，读者可以自行查阅相关书籍。

把 SQL 执行出来的数据结果使用 for 循环语法构造出两个数组，用于表示 X 轴和 Y 轴。

再把数据放入到 matplotlib 库中自动生成柱形图。

```
# 对商品的统计数据实时生成统计图
# 执行 SQL 语句查询
sqltxt2="select  strftime('%Y',logDate)  as year,strftime('%m',logDate) as month,sum(productMoney)  from  products  where strftime('%Y',logDate) is not null  group by strftime('%Y',logDate),strftime('%m',logDate) "
cur.execute(sqltxt2)
# 构造 X 轴和 Y 轴的数组
x_list=[]
y_list=[]
for item in cur:
    x_list.append(item[0]+'-'+item[1])
    y_list.append(item[2])
```

```
#print(x_list)
#print(y_list)


# 生成统计图并支持中文
plt.rcParams['font.sans−serif'] = ['SimHei']  # 用来正常显示中文标签
plt.rcParams['axes.unicode_minus'] = False  # 用来正常显示负号
plt.bar(x_list,y_list, align = 'center')  #bar 表示柱形图
plt.title(' 商品月份销售统计图 ')  # 图表标题
plt.ylabel(' 销售金额 / 元 ')  #Y 轴
plt.xlabel(' 销售月份 ')  #X 轴
plt.show()
```

**调试结果**

在代码编辑区按 <Shift+F10> 组合键或者单击鼠标右键在弹出的快捷菜单中选择 "运行" 命令，即可调试，已经成功生成 498 个二维码的图片，如图 9-12 所示。生成的柱形统计图如图 9-13 所示，从图中可以快速看出 2018 年 11 月的销售量最高，2019 年 10 月的销售量最低。

图 9-12　生成的二维码效果图

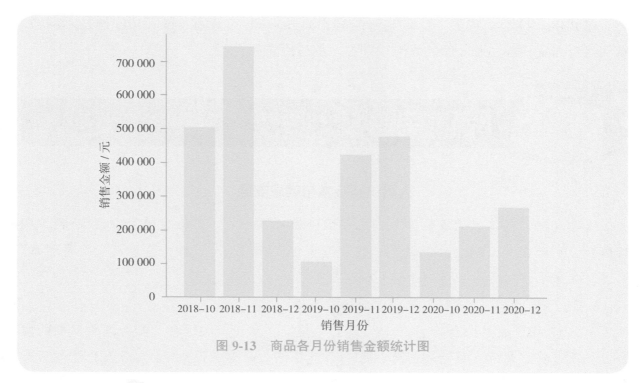

图 9-13 商品各月份销售金额统计图

**试一试**

1）尝试修改以上统计SQL代码，生成每年的销售总额统计图。

2）修改以上代码，让生成二维码的图片命名为ID号。

3）修改二维码模块的代码，加上一个图片背景作为二维码图片的背景。

## 9.4 人工智能库的应用——人脸识别项目

人脸识别是基于人的脸部特征信息进行身份识别的一种生物识别技术。用摄像机或摄像头采集含有人脸的图像或视频流，并自动在图像中检测和跟踪人脸，进而对检测到的人脸进行识别的一系列相关技术，通常也叫作人像识别、面部识别。人脸识别系统主要包括四个组成部分，分别为：人脸图像采集及检测、人脸图像预处理、人脸图像特征提取以及匹配与识别。

人脸识别主要用于身份识别。由于视频监控正在快速普及，众多的视频监控应用迫切需要一种远距离、用户非配合状态下的快速身份识别技术，以求远距离快速确认人员身份，实现智能预警。人脸识别技术无疑是最佳的选择，采用快速人脸检测技术可以从监控视频图像中实时查找人脸，并与人脸数据库进行实时比对，从而实现快速身份识别。

在 Python 技术实现上，比较流行的有 face_recognition 库和 OpenCV 库的技术路线。本书将对 face_recognition 库的人脸识别技术的应用进行介绍。

## 人脸识别技术与信息安全

随着人脸识别技术的成熟，人们似乎已经进入了一个"刷脸时代"，人脸解锁、刷脸取款、刷脸买单、刷脸坐高铁等，越来越多的生活内容与"刷脸"形成了紧密联系。不过，在这个"刷脸"时代，你的"脸"安全吗？

1. "3·15"晚会"破解"人脸识别技术实验

在 2017 年中央电视台的"3·15"晚会的现场，主持人共进行了两个人脸识别的实验。一个是将照片处理成动态图片，另一个是将观众微博照片处理成 3D 人脸模型，两种方式均成功骗过了软件，进入了他人的支付账户。

自从"3·15"晚会人脸识别技术被质疑开始，不断有"黑客"用一场场现场秀提醒消费者：人脸识别等生物识别技术可能潜藏安全风险和隐私问题，刷脸要谨慎，毕竟，"丢了密码可以重新设置，脸丢了就找不回来了"。

2. 我国人脸识别第一案

2019 年 4 月，郭某支付 1 000 多元购买某野生动物世界"畅游 365 天"双人年卡，确定指纹识别入园方式。郭某与其妻子留存了姓名、身份证号码、电话号码等，并录入指纹、拍照。

之后，该野生动物世界将年卡客户入园方式从指纹识别调整为人脸识别，并更换了店堂告示。年卡入园识别系统更换，要求激活人脸识别系统，否则将无法正常入园。

因双方就入园方式、退卡等相关事宜协商未果，郭某遂提起诉讼。11 月 20 日，浙江省杭州市富阳区人民法院对郭某诉某野生动物世界有限公司服务合同纠纷一案开庭宣判，法院认为被告"收集人脸识别信息，超出了必要原则要求，不具有正当性"，判决野生动物世界赔偿郭某 1 038 元，删除郭某办理指纹年卡时提交的包括照片在内的面部特征信息等。这起因动物园入园流程而起的纷争，也被称为我国的"人脸识别第一案"。

3. 人脸识别技术安全问题的重视

技术本身没有好坏，技术是中立的，但使用技术的人是有立场的。人脸识别技术的安全问题不在于该项技术本身，而是应用的问题。危险在于利用这项技术达到了不该达到的目的，实施了不该实施的行为。

安全问题也不完全是技术问题，也是应用问题。未来，还需要行业、企业、政府等协同努力，寻找隐私、安全、便利之间的平衡，明确人脸识别的边界，真正地为人脸识别应用发展出"安全感"。人脸识别与大众的这场隐私安全保卫战还将持续更长时间，但可以肯定的是，随着技术的不断进步，人脸识别的安全性将会不断提高，大众的隐私忧虑也会逐渐减弱。

作为一名合格的程序员，要严守职业操守，遵守国家相关安全法规，用好技术，善用技术，不能借助人脸识别技术从事危害他人和公众的事情。

### face_recognition 的安装和简介

face_recognition 是一个强大、简单、易上手的人脸识别开源项目，并且配备了完整的开发文档和应用案例。据项目的官方文档说明，本项目是世界上最简洁的人脸识别库之一，你可以使用 Python 和命令行工具提取、识别、操作人脸。该项目的人脸识别是基于业内领先的 C++ 开源库 dlib 中的深度学习模型，用 *Labeled Faces in the Wild*〔美国麻省大学安姆斯特分校（University of Massachusetts Amherst) 制作的人脸数据集，该数据集包含了从网络收集的 13 000 多张面部图像〕人脸数据集进行测试，有高达 99.38% 的准确率，但对儿童和亚洲人脸的识别准确率尚待提升。

有关它的更多介绍请访问网站 https://face-recognition.readthedocs.io/。

（1）安装 face_recognition

它的安装方法很简单，可以直接使用 PIP 进行安装。但它有依赖环境，在安装时可能会出错。如果在 Windows 操作系统下安装 face_recognition 失败，可以按以下顺序检查：

1）如果本机没有安装 Visual Studio，就先下载安装 Visual Studio 2012 或更高版本，并在安装选项中增加 C++ 库的支持。在微软官网（https://visualstudio.microsoft.com/zh-hans/）下载新版本的 Visual Studio。

2）如果提示 cmake 没安装，请先安装它。

```
pip install cmake
```

3）如果提示 dlib 没安装，请先安装它。

```
pip install dlib
```

4）以上环境准备好后，再安装 face_recognition。

```
pip install face_recognition
```

（2）face_recognition 的 API 简介

1）batch_face_locations() 人脸定位。

使用 CNN 深度学习模型返回图像中人脸边界框的二维数组。如果使用的是 GPU，由于 GPU 可以一次处理一批图像，因此可以更快地获得结果。如果不使用 GPU，则不需要此功能。语法举例：

```
batch_face_locations(images, number_of_times_to_upsample=1, batch_size=128)
```

参数：images 表示图片列表（每个图片为一个 numpy 数组）。number_of_times_to_upsample 表示对图像进行脸部采样的次数。数字越大，面孔越小。batch_size 表示每个 GPU 处理批次中要包含多少个图像。

2）face_locations() 人脸定位。

利用 CNN 深度学习模型或方向梯度直方图（Histogram of Oriented Gradient, HOG）进行人脸提取。返回值是一个数组 (top, right, bottom, left) 表示人脸所在边框的四条边的位置。语法举例：

```
face_locations(img, number_of_times_to_upsample=1, model='hog')
```

它的功能与 batch_face_locations() 类似。它的前两个参数相同，后面的 model 表示要使用的人脸检测模型，主要有两个模型 "hog" 和 "cnn"。"hog" 准确性较低，但在 CPU 上速度更快。"cnn" 是经过 GPU / CUDA 加速（如果可用）的更准确的深度学习模型。默认值为 "hog"。

3）compare_faces() 人脸比对。

将面部编码列表与候选编码进行比较，以查看它们是否匹配。语法举例：

```
compare_faces(known_face_encodings, face_encoding_to_check, tolerance= 0.6)
```

参数：known_face_encodings 表示已知人脸的特征向量。face_encoding_to_check 表示未知人脸的特征向量。tolerance 是容忍度，认为相匹配的面孔之间的距离有多大。越低越严格，0.6 是典型的最佳性能。

4）face_distance() 人脸特征向量距离。

给定面部编码列表，将它们与已知的面部编码进行比较，并获得每个比较面部的欧几里得距离。距离表明面孔的相似程度。语法举例：

> face_distance(face_encodings, face_to_compare)

参数：face_encodings 表示已知人脸的特征向量。face_to_compare 表示未知人脸的特征向量。

5）face_encodings() 人脸解码。

输入一张图片后，生成一个 128 维的特征向量，这是人脸识别的依据。语法举例：

> face_encodings(face_image, known_face_locations=None, num_jitters=1, model='small')

参数：face_image 表示包含一个或多个面部的图像。known_face_locations 是可选项，表示是否已知人脸的位置。num_jitters 表示计算编码时对面部重新采样的次数，越高越准确，但越慢（即 100，慢 100 倍）。model 是可选项，为 "large" 或 "small"，它表示使用哪种模型，默认仅返回 5 点，但速度更快。

6）face_landmarks() 脸特征提取。

给定图像，返回图像中每个面部的面部特征位置（眼睛、鼻子等）的决定。语法举例：

> face_landmarks(face_image, face_locations=None, model='large')

参数：face_image 表示要搜索的图像。face_locations 是默认值，默认解码图片中的每一个人脸，若输入 face_locations()[i] 可指定人脸进行解码。model 是可选项，为 "large" 或 "small"。

7）load_image_file() 加载图像文件。

它能将图像文件（.jpg、.png 等）加载到 numpy 数组中。语法举例：

> load_image_file(file, mode='RGB')

参数：file 表示图像文件名或要加载的文件对象。mode 表示将图像转换成的格式，仅支持"RGB"（8位RGB，3通道）和"L"（黑白）。

给出学生图片student.jpg，自动识别出图片中的人脸。原图效果如图9-14所示。说明：出于印刷和版权的考虑，素材中的人像图片都后期加了马赛克，原图并没有马赛克。

图9-14 学生原图效果

用简单的几行代码就可以定位图片中的所有人脸，并自动生成每个人脸的图片文件，代码如下：

```python
import face_recognition
from PIL import Image
import os

#第1步：人脸定位
print(' 正在识别中 ...')
image = face_recognition.load_image_file("student.jpg",mode='RGB') # 加载图片文件
#face_locations：以列表形式返回图片中的所有人脸的位置数组 (top, right, bottom, left)
face_locations = face_recognition.face_locations(image, model="cnn") # 人脸定位，模式为 cnn
```

```
#print(face_locations)

# 第 2 步：判断文件夹是否存在，不存在则创建文件夹
filePath="student-img"
if not os.path.exists(filePath):
    os.makedirs(filePath)

# 第 3 步：遍历自动截取的人脸图并保存
num=1 # 第一个图片序号
for ones in face_locations:
    top, right, bottom, left =ones # 构造上、右、下、左的坐标
    face_image = image[top:bottom, left:right]
    pil_image = Image.fromarray(face_image) # array 转换成 image
    pil_image.save(fp=r"{0}/face{1}.jpg".format(filePath,num)) # 保存图片
    num+=1 # 序号自加 1
print(' 识别完成 ...')
```

经检查，它已经自动生成文件夹"student-img"，并在它里面自动生成 4 个人脸图片，如图 9-15 所示。

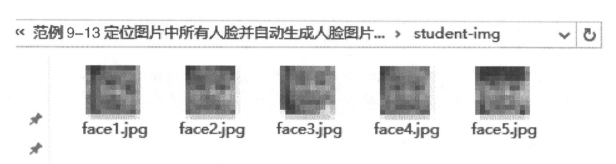

图 9-15 自动生成的人脸图片

【范例 9-14】 识别图片人物

有两张图片，一张是已知人物，另一张是未知人物。现进行人脸识别，判断未知人物是不是本人。代码如下：

```
import face_recognition
print(' 正在识别中 ...')


#step 01: 读取已知人物图片并编码

picture_of_me = face_recognition.load_image_file("me.jpg")

my_face_encoding = face_recognition.face_encodings(picture_of_me)[0]


#step 02: 读取未知人物图片并编码

unknown_picture = face_recognition.load_image_file("unknown.jpg")

unknown_face_encoding = face_recognition.face_encodings(unknown_picture)[0]


#step 03: 比较人脸
# 由于对亚洲人识别率不高，tolerance 一般设置在 0.3~0.38 之间可满足大部
分需求

results = face_recognition.compare_faces([my_face_encoding], unknown_face_
encoding,tolerance=0.38)


#step 04：输出结果
if results[0] == True:
    print(" 图片中的人是我 ")
else:
    print(" 图片中的人不是我 ")
print(' 识别完成 ...')
```

图片请读者自己选用。范例截图如图 9-16 所示，执行后结果会正确体现出来。

```
正在识别中 ...
图片中的人是我
识别完成 ...
```

范例 9-14 识别图片人物.py

图 9-16 范例截图

# 试一试

更多的范例，可参考https://github.com/ageitgey/face_recognition/tree/master/examples来完成。比如：

1.人脸定位

案例：定位某人的脸

案例：使用卷积神经网络深度学习模型定位某人的脸

案例：使用卷积神经网络深度学习模型批量识别图片中的人脸

案例：把来自网络摄像头视频里的人脸高斯模糊（需安装OpenCV）

2.人脸关键点识别

案例：提取用户A和用户B的面部关键点

案例：给某人涂美妆

3.人脸识别

案例：是用户A还是用户B？

案例：人脸识别之后在原图上画框并标注姓名

案例：在不同精度上比较两个人脸是否属于一个人

案例：从摄像头获取视频进行人脸识别——较慢版（需安装OpenCV）

案例：从摄像头获取视频进行人脸识别——较快版（需安装OpenCV）

案例：从视频文件中识别人脸并把识别结果输出为新的视频文件（需安装OpenCV）

案例：通过浏览器HTTP访问网络服务器进行人脸识别（需安装Flask框架）

案例：基于K最近邻KNN分类算法进行人脸识别

## 案例——人脸识别学生考勤系统

考勤制度是对学生的学习和生活进行管理的有效措施，而考勤系统是否完善是决定考勤制度实施程度的关键因素。目前，很多学校教师的考勤依旧沿袭着手工操作的模式，导致学校考勤机制难以发挥应有的效率。在此背景下，开发一款具备实时性和高效性的考勤系统，借助"平安校园"的数据平台，构建以人脸识别为技术支撑的学生考勤管理系统。

该系统可以有效记录自动签到和查询签到，可以利用校园网络的服务器将学生端的考勤数据进行上传，而且考勤数据的动态管理和查看完全可以通过管理账号来实现。

本案例只要求实现部分功能：考勤时会使用第三方软件拍摄好学生的一张或者数张图片，然后让本系统去做人脸识别，如果学生与人脸识别库的信息一致，则表明学生正常来上课没有缺勤，如果比对的信息不一致，则记录为缺勤。

**案例分析**

1）对班级每一个学生都采集照片，每个照片图像只有一个学生的头像信息。图片文件放在"known"文件夹中。采集照片技术不在本案例讨论范围内。如图9-17所示，一共有4位学生。

> 此电脑 › work2 (D:) › pythonBook › pythonProject11 › project › 12-4 › known

学生A.jpg　　　学生B.jpg　　　学生C.jpg　　　学生D.jpg

图 9-17　已经采集的学生人脸

2）使用第三方软件抓拍到教室上课的学生集体照片一张，如果学生人数过多，可以从不同的角度拍摄数张。抓拍技术不在本案例讨论范围内。如图9-18所示，在本次测试数据中，使用了"学生考勤照片1.jpg"图片，它有5位学生，但是有两位不是本班的学生。

图 9-18 未知学生人脸

3）从指定的图片路径获取图片名称和学生姓名。

4）遍历获取已知学生的人脸编码。

5）读取拍摄的考勤照片，获取未知学生的人脸编码。

6）进行人脸对比，看哪些学生按时来上课。

7）生成人脸对比结果，把数据汇总并显示出来。

它用到的技术点有以下几个方面：获取文件名 os.listdir()，构造完整文件路径 os.path.join(path, i)，去除图片文件名的扩展名 list.split('.')[0]，使用 for 和 while 进行循环遍历，使用 face_recognition.load_image_file() 加载图片，使用 face_recognition.face_encodings 进行人脸编码，使用 face_recognition.compare_faces 进行人脸对比等。

**实施步骤**

在 PyCharm 软件中新建 Python 文件 "kaoqing.py"，输入以下代码。

第一步，获取图片名称和学生姓名。

```
import os
import face_recognition
from datetime import datetime, date
print('====== 人脸识别学生考勤系统 ======')
time1 = datetime.now() # 获得当前时间，用于后面记录人脸识别系统的耗时
# 已知名字的学生人脸图片的文件夹路径
path=r"D:\pythonBook\pythonProject11\project\12-4\known"
# 获取图片文件名称，图片名就是学生姓名。一个图片只有一个学生的头像。
picture_name=os.listdir(path)
# 获取学生姓名，过滤掉图片扩展名即为学生姓名
```

```
known_student=[]
for item in picture_name:
    known_student.append(item.split('.')[0])
```

第二步，获取已知学生的人脸编码。人脸编码后，把它放入了一个列表中。这样，后面进行人脸识别时会提高很多速度，直接调用编码数据。在真实的项目中，也可以预先一次性把人脸进行编码并保存到数据库中，后面调用就直接调取数据库，不用再重复人脸编码，以提高性能和速度。

```
known_student_faces=[] #字义列表：已知学生的人脸编码列表
for i in picture_name: #遍历每一个图片，以生成每一个人脸编码
    one_picture=os.path.join(path, i) #使用路径和图片文件名构造绝对路径，以获得图片路径
    name=face_recognition.load_image_file(one_picture) #加载图片
    face_feature=face_recognition.face_encodings(name)[0] #人脸解码
    known_student_faces.append(face_feature) #把人脸解码存入数组
```

第三步，获取未知学生的人脸编码。本案例只演示了一张考勤照片，如果有多张考勤照片，则可以使用循环来遍历完成。

```
#未知图片路径，每个照片有多个学生的头像。
unknown_image= = face_recognition.load_image_file(r"D:\pythonBook\pythonProject11\project\12-4\unknown\学生考勤照片 1.jpg")
unknown_imag_encoding = face_recognition.face_encodings(unknown_image) #全部学生的人脸解码
```

第四步，使用多重循环，进行人脸比对。在判断哪些学生缺勤的技术上，使用了集合的运算，symmetric_difference() 方法返回两个集合中不重复的元素集合，即会移除两个集合中都存在的元素。

```
num=1 #人脸比对的序号
student_pass=[] #正常出勤的学生
```

```
for oneunknown_student in unknown_imag_encoding: # 第一层循环，遍历获取未知
学生的人脸编码
    results = face_recognition.compare_faces(known_student_faces, oneunknown_student,
tolerance=0.4) # 人脸比对后的数组，只有 True 和 False 两个值
    while True in results: # 第二层循环，读出是谁人脸对比成功了
        for i in range(len(results)): # 第三层循环：读出图片对应的学生名称
            if results[i]==True:
                #print(picture_name[i].split('.')[0], ": 正常出勤 ")
                student_pass.append(picture_name[i].split('.')[0]) # 把正常出勤的学生存入
列表 student_pass
        break  # 跳出第二层循环
    print(' 第 ', num, ' 个人脸识别完成。')
    num += 1 # 人脸比对的序号自增 1
```

第五步，生成人脸考勤结果。代码 seconds = (time2−time1).seconds 是计算人脸对比的耗时。

```
time2 = datetime.now() # 获得当前时间
seconds = (time2−time1).seconds  # 两个时间差，并以秒显示出来
print(' 耗时：',seconds,' 秒 ')
print('=== 考勤结果 ===')
print(' 应到学生人数：',len(known_student))
print(' 应到学生姓名：', known_student)
print(' 实到学生人数：',len(unknown_imag_encoding))  # 有可能有其他班的学生也
来听课，所以实到人数可能会大于应到人数
print(' 正常出勤姓名：', student_pass)
print(' 缺勤姓名：', set(known_student).symmetric_difference(set(student_pass)))
```

**调试结果**

在代码编辑区按 <Shift+F10> 组合键或者单击鼠标右键在弹出的快捷菜单中选择"运行"命令，即可调试，效果图 9-19 所示。

图 9-19 考勤结果

如图 9-20 所示，因为"学生 A"不在右边的考勤图中，所以考勤数据检查不到这位学生。右边的考勤图中有 5 位学生，虽然"未知人脸数"5 多于"已知人脸数"4，但是其中第一排的两位学生也不是这个班的，所以考勤数据检查不到这两位学生。

图 9-20 学生图片说明

## 试一试

1）增加代码，把考勤图中的本班学生人脸用一个框标注出来。

2）增加代码，在考勤图中的本班学生人脸旁边标注相应的学生姓名。

## 本章小结

本章主要介绍一些第三方库的应用案例。通过学习第三方库的安装方法、操作方法和相应的 API 说明，再结合它们的官方网站中的文档说明，可以研发出一些轻量级的应用程序。使用 jieba 进行中文分词，wordclound 可以生成词云，requests 可以抓取网页，beautifulsoup4 可以解析网页代码，sqlite3 可以保存爬虫的数据，matplotlib 可以生成可视化统计图，MyQR 可以快速生成二维码，face_recognition 可以快速实现人脸识别等。

通过这些案例，可以为读者后续深入学习做好铺垫，也能更深入地认识到 Python 的应用场景和体会到 Python 编程并不是那么难，有些功能只需要简单几行代码就可以实现。

## 习　题

**操作题**

（1）中文分词和词云技术练习

1）使用 jieba 库分别对中国四大名著《三国演义》《水浒传》《西游记》和《红楼梦》进行中文分词。分别统计词频最高的 100 个词语。

2）对上一个题目的中文分词结果分别生成词云。可以采用一些个性化的图案作背景，比如，心形、星形、饼图、一把刀、一把扇子、一面旗等。

3）在分析数据时，要遵守著作权法等法律法规。

（2）爬虫技术练习

1）全国企业信用信息公示系统（国家企业信用信息公示系统）于 2014 年 2 月上线运行。公示的主要内容包括：市场主体的注册登记、许可审批、年度报告、行政处罚、抽查结果、经营异常状态等信息。抓取国家企业信用信息公示系统（http://www.gsxt.gov.cn）中的企业工商信息 100 条。

2）把上一个题目抓取的数据保存在数据库中。

3）在抓取数据时，要遵守网络安全等相关法律法规。

（3）数据可视化技术练习

1）选取一份班级学生的成绩表进行数据可视化分析。

2）生成班级平均分、最高分、最低分的柱状统计图。

3）生成成绩等级比例（不合格、合格、中等、良好、优秀）的饼状统计图。

（4）二维码生成技术练习

自行采集 10 个新闻的 URL，生成二维码图片。

（5）人脸识别技术练习

1）采集 10 个人的人脸图片，并对人脸进行编码。

2）采集一批以上人员的一些集体活动图片，并进行人脸对比，在集体活动图片中对人脸对比成功的人物标注出人脸。

3）人脸对比技术的素材获取和使用，要遵守国家的相关法律法规，如肖像权、个人隐私权等。

# 参考文献

［1］马瑟斯．Python 编程从入门到实践［M］.袁国钟，译．北京：人民邮电出版社，2020.

［2］斯维加特．Python 编程快速上手［M］.王海鹏，译．北京：人民邮电出版社，2016.

［3］董付国．Python 程序设计［M］.北京：清华大学出版社，2020.

［4］董付国．Python 数据分析、挖掘与可视化［M］.北京：电子工业出版社，2019.

［5］谭浩强．C 程序设计［M］.5 版．北京：清华大学出版社，2017.